职业教育食品类专业系列教材

食品绿色加工技术

主　编　陶瑞霄

副主编　赵甲元　温雪瓶　刘芳芳
　　　　许童桐　杜亚飞

科学出版社

北　京

内 容 简 介

本书在内容编排上突出基础性、实用性和应用性三大特点。全书共分为五个项目，分别为食品绿色加工概述、食品绿色加工基础知识、果蔬制品的绿色加工、谷物制品的绿色加工、禽畜制品的绿色加工。

本书可作为职业教育食品加工类、农产品加工类等相关专业的教材。考虑各使用单位的专业不同和学时数不一，在教学过程中有关章节可按照具体情况进行取舍。

图书在版编目（CIP）数据

食品绿色加工技术/陶瑞霄主编．—北京：科学出版社，2022.11
（职业教育食品类专业系列教材）
ISBN 978-7-03-066135-7

Ⅰ.①食… Ⅱ.①陶… Ⅲ.①绿色加工-食品加工-职业教育-教材 Ⅳ.①TS205

中国版本图书馆 CIP 数据核字（2020）第 174966 号

责任编辑：辛　桐 / 责任校对：赵丽杰
责任印制：吕春珉 / 封面设计：耕者设计工作室

科 学 出 版 社 出版
北京东黄城根北街 16 号
邮政编码：100717
http://www.sciencep.com

北京中科印刷有限公司 印刷
科学出版社发行　各地新华书店经销

*

2022 年 11 月第 一 版　开本：787×1092 1/16
2023 年 2 月第二次印刷　印张：11 1/4
　　　　　　　　　　字数：264 000
定价：48.00 元
（如有印装质量问题，我社负责调换〈中科〉）
销售部电话 010-62136230　编辑部电话 010-62135120

版权所有，侵权必究

前　言

20 世纪以来，随着科技进步和社会生产力的极大提高，人类创造了前所未有的物质财富，加速了文明发展的进程。与此同时，资源过度消耗、环境污染和生态破坏等问题日益突出，成为全球性的重大问题，严重地阻碍着经济的发展和人民生活质量的提高，继而威胁着全人类的生存和发展。在这种严峻的形势下，人类认识到必须努力寻求一条绿色、节能、环保的可持续发展的道路。食品绿色加工是一种综合考虑人们需求、环境影响、资源效率和企业效益的现代化加工模式，其产品在整个生命周期中对人类健康无害，对自然环境无害或者危害极小，资源利用率高，能源消耗低。食品绿色加工包括绿色工艺、绿色包装、清洁生产和绿色回收等。本书由于篇幅有限，主要从食品绿色加工工艺方面进行研究，致力于将绿色加工的概念和意识贯彻实施到食品原材料、食品加工过程中去。

本书在编写过程中体现内容的职业教育特点和定位，突出培养学生的学习能力和技能养成能力，主要特点如下。

（1）编排结构体现科学性。内容编排上采用项目化教学，除了项目一和项目二集中讲解了理论知识未涉及实训项目外，其他项目均选配了相关实训内容，便于提升学生的实践操作能力、分析问题能力及沟通交流能力。

（2）内容注重适用性、针对性和实用性。每个项目提炼出应重点掌握的专业知识和技能，删减了不必要的理论知识，强化学生对食品绿色加工技术的基本操作和对绿色加工技术的掌握。

（3）精选了多种实训任务和思考与练习，便于学生巩固知识点，又能作为教学质量的评价依据。

本书由陶瑞霄担任主编，赵甲元、温雪瓶、许童桐、杜亚飞、刘芳芳担任副主编。在编写过程中得到了教育部高职高专食品类专业教学指导委员会专家的悉心指导，以及科学出版社的大力支持和有关院校领导及工作人员的热情帮助，谨在此表示衷心的感谢。

本书涵盖知识面广、信息量较大，内容涉及行业新技术、新理念，由于编者学识和经验有限，书中难免存在疏漏和不足之处，恳请广大读者批评指正。

目　录

项目一　食品绿色加工概述 ··· 1
　　任务　绿色化学与食品绿色加工 ·· 1
项目二　食品绿色加工基础知识 ··· 5
　　任务一　微生物与食品加工 ·· 5
　　任务二　酶与食品加工 ·· 8
　　任务三　食品化学成分与食品加工 ·· 14
项目三　果蔬制品的绿色加工 ··· 29
　　任务一　果蔬原料的绿色准备 ·· 29
　　任务二　果蔬绿色冷冻干制 ·· 41
　　任务三　果蔬绿色糖制 ·· 45
　　任务四　果蔬绿色罐藏 ·· 57
　　任务五　果蔬绿色饮料加工 ·· 69
项目四　谷物制品的绿色加工 ··· 95
　　任务一　谷物原料的绿色准备 ·· 95
　　任务二　谷物制品的绿色蒸煮加工 ·· 116
　　任务三　谷物制品绿色焙烤加工 ··· 123
项目五　畜禽制品的绿色加工 ··· 144
　　任务一　畜禽原料的绿色准备 ·· 144
　　任务二　肉制品的绿色加工 ·· 154
　　任务三　乳制品的绿色加工 ·· 161
　　任务四　蛋制品的绿色加工 ·· 167
参考文献 ··· 174

项目一 食品绿色加工概述

> **项目导入**
>
> 随着社会经济的发展和科技的进步，人们逐渐意识到一些生产方式带来了严重的环境污染，威胁着人类的健康和生存。为了找到对环境、健康友好的可持续发展的生产方式，科学家经过多年的探索，提出了"绿色化学"的概念，并受到了世界各国的高度重视和积极响应。绿色化学和绿色化学工程在机械、电子和化工等工业领域率先得到了发展，也必将为食品科学和食品工业的可持续发展带来前所未有的机遇。
>
> **项目目标**
>
> 知识目标：（1）掌握绿色化学和食品绿色加工的概念。
> （2）了解食品绿色加工的研究范畴。
> 技能目标：了解食品绿色加工工艺。

任务 绿色化学与食品绿色加工

任务目标	任务描述	本任务要求通过对绿色化学和食品绿色加工的学习，了解食品绿色加工的意义
	任务要求	掌握绿色化学和食品绿色加工的概念

任务准备

一、绿色化学

绿色化学是指化学反应方法和过程均以原子经济性为基本原则，即在获取新物质的化学反应中应充分利用参与反应的每个原料原子，实现零排放的化学。高效的有机合成反应应最大程度地利用原料分子中的每一个原子，使之结合到目标产物的分子中。绿色化学在有效地利用原材料的同时降低了污染物的排放，从而满足对环境保护的要求。当前，绿色化学已成为大宗基本有机原料的研究和生产的热点。

1996年联合国环境规划署对绿色化学给予了明确的定义："用化学技术和方法减少或消灭那些对人类健康或环境有害的原料、产物、副产物、溶剂和试剂的生产和应用。"绿色化学的理想是不再使用有毒、有害物质，不再产生废物，不再处理废物。

绿色化学有十二条原则，即预防污染、提高原子经济性、提倡对环境无害的化学合成方法、设计安全的化学品、使用无毒无害的溶剂和助剂、合理使用和节省能源、原料可再生而非耗尽、减少衍生物的生成、开发新型催化剂、设计可降解材料、加强预防污染中的实时分析、采用防止意外事故的安全工艺。这十二条原则涉及化学反应中的原料、工艺、产品等各个方面，其应用已不再局限于化学化工领域，而是扩展到人类生产的所有领域，如食品加工等领域。

二、食品绿色加工

继绿色化学的兴起，绿色制造也应运而生，且在化学工业、机械工业、电子工业、制药工业、纺织工业、食品工业等工业领域得到率先发展。食品工业是与公众的膳食营养和饮食安全息息相关的国民健康产业。现代食品绿色加工不仅是拉动国民经济发展的新兴产业和新的经济增长点，而且是引领和带动现代农业发展的新动力，是实现现代食品工业可持续发展的重要支撑。实施食品绿色加工是加快推动食品加工生产方式转变、推动食品工业转型升级、实现消费升级的有效途径。

（一）食品绿色加工的特点和工艺

1. 食品绿色加工的特点

在综合考虑了人类需求、环境影响、资源效率和企业效益的现代化食品绿色加工模式下生产的产品，在整个生命周期中应对人类的健康无害，对自然环境无害或者危害极小，资源利用率高，能源消耗低。食品绿色加工的两个基本的特点是对人类健康友好、对生存环境友好。

从技术上来看，食品绿色加工包括绿色产品设计、绿色加工工艺、产品回收与循环利用；从生产上来看，食品绿色加工又是精益生产、柔性生产的延伸与发展，正在影响和引导当今食品加工技术的发展理念和方向。本书主要从食品绿色加工工艺方面进行研究。

2. 食品绿色加工的工艺

食品绿色加工涉及三方面的工艺：节约资源型工艺、节省能源型工艺和环保型工艺。节约资源型工艺是在生产过程中简化工艺系统的组成、节省原材料消耗的工艺。它可以提高材料的利用率，减少材料的浪费和废弃物的排放，从而减少对环境的污染。生产过程中要消耗大量的能量，这些能量一部分转化为有用功，而大部分则转化为其他能量而被消耗掉，被消耗掉的能量会产生噪声、污染环境等。节省能源型工艺要求在生产的生命周期中尽可能采用清洁型可再生能源，既可减少能源的浪费，又对环境无害。生产过程中除目标产品外还会生成废液、废气、废渣、噪声等污染物。环保型工艺就是通过一定的工艺流程，使这些物质尽可能减少或完全消除。最为有效的方法是在工艺设计阶段全面考虑，积极预防污染物的产生，同时增加末端治理技术。

（二）食品绿色加工研究的范畴

食品绿色加工研究主要为解决食用农产品加工产业存在的高能耗、高水耗、高排放和高污染的状况，在食用农产品储运技术、食品工程与加工技术、传统食品工业化与智能化技术、新型产品研发技术等方面，开展食品绿色加工技术体系的研究，开发节能降耗、减排低碳和资源高效利用的食品绿色加工技术，促进产业生产方式的根本改变。

1. 储运加工应用基础的研究

储运过程中品质控制研究是研究食用农产品收获后品质的变化规律，开发绿色、节能和高效的食用农产品冷却保鲜与品质安全控制关键技术及装备等。玉米、花生等储存不当会产生黄曲霉毒素，而黄曲霉毒素已被世界卫生组织列为已知最强的致癌物，不但会造成花生的浪费，还会污染环境、危害人类健康。所以，研究温度、相对湿度、气体等环境因子对食用农产品储藏过程中品质劣变和腐烂损耗的生物学机制至关重要。食品在运输过程中，由于机械损伤、环境温度等的变化，易造成食品货架期品质变差，因此需要从温度、时间等方面确定不同产品物流环境适宜参数及运输条件，利用现代储运技术保持食品在储运中的品质，减少储运期间的损失。

食用农产品加工过程中品质控制研究是研究果蔬、畜禽产品、水产品和谷物等在加工过程中碳水化合物、脂质、蛋白质等营养成分和生物活性物质的物理化学变化，揭示结果与功能之间的关系；研究加工方式对食品主要组分、结构与功能的影响及控制机理，阐明食品组分、结构与功能特性间的变化规律，以及与食品色香味和质构间的内在联系；通过技术创新，在保持传统特色风味的基础上，最大限度地减少食品在加工过程中有害物质的生成。

2. 绿色工程技术研究与装备创制

绿色工程技术研究与装备创制是研究加热过程中不同介质及其温度对物料组分的释放，以及物料对介质中热量和组分的吸收；探索在这个动态平衡中，物料和介质相互作用而形成有益物质和有害物质的规律；揭示在传质过程中，物料和介质中有害物质和有益物质之间迁移变化的规律；研究不同加热方式、加热温度及时间等特征参数对物料组分变化、物料水分活度、色泽、香味物质和有害物质形成的影响；揭示传热传质条件变化与有害物质含量的内在联系；揭示传热传质期间，随着温度的升高和时间的延长，食品物料组分发生物理变化、生物变化和化学变化的关系；正确理解食品物料和工程单元操作之间的相互作用，控制食品各组分之间的化学相互作用，改进工艺技术；研究智能化技术，创制关键技术与装备，为有效减少或消除食品加工过程中 $PM_{2.5}$ 排放和有害物质的产生提供依据。

3. 食品添加物的研究及开发

食品添加物的研究及开发是针对食品添加物制造的关键环节，研究和开发天然动植物活性成分、天然增稠剂、乳化剂、稳定剂、天然抗氧化剂和防腐保鲜剂的分离制备技术；研究探索合成食品香料、香精、色素、乳化剂、稳定剂、食品抗氧化剂、防腐保鲜剂的加工关键技术；研究食品添加物组分之间及食品物料组分在食品加工过程中的相互作用，以有效减少或消除加工过程中有害物质的形成。

4. 食品有害物质的监控

食品有害物质的监控是开发食品加工过程中有害物质的监控技术及快速检测技术与仪器仪表，建立食品绿色加工技术操作规范、加工过程中产生的食源性致突致癌物质残留限量等标准。

 思考与练习

1. 绿色化学的含义。
2. 绿色化学和食品绿色加工的关系。
3. 讨论食品绿色加工技术对当前食品加工行业的影响。

项目二 食品绿色加工基础知识

项目导入

加工食品是利用食品工业的各种加工工艺处理新鲜食品原料而制成的产品。加工食品之所以耐保藏是因为它经过与新鲜原料截然不同的加工工艺处理。食品加工的根本任务就是使食品原料通过各种加工工艺处理,达到长期保存、经久不坏、随时取用的目的。在加工工艺处理过程中要最大限度地保存营养成分,改进食用价值,使加工食品的色、香、味俱佳,组织形态更趋完美,进一步提高食品的商品化水平。

美国的中高级加工食品在其全部食品中所占比例高达90%,日本为82%,欧盟为60%~80%,我国只有25%。因此,我们应通过加工转化不断增加新的加工产品种类以满足人们日益增长的生活需要。

食品加工原理是在充分认识了食品败坏原因的基础上建立起来的。造成食品败坏的原因是复杂的,往往是生物、物理、化学等多种因素综合作用的结果。起主导作用的是有害微生物产生的危害。保证食品质量便成为食品生产中最重要的课题。

项目目标

知识目标:(1)掌握微生物与食品加工的关系。
　　　　　(2)掌握酶与食品加工的关系。
　　　　　(3)掌握食品化学成分与食品加工的关系。
技能目标:掌握食品褐变的原理及其控制方法。

任务一 微生物与食品加工

任务目标	任务描述	通过对微生物对食品加工影响的学习,掌握微生物对食品加工的意义
	任务要求	掌握微生物与食品加工的关系

任务准备

微生物是指细菌、真菌、病毒等，它们有自己的特点——个体小，结构简单，生长繁殖快，种类多，易培养，代谢能力强，易变异，而且分布极广。这些微生物大量存在于空气、水和土壤中，附着在食品原料上，加工用具和容器中，存在于工作人员的手上，可以说无处不有，无孔不入。所以，在食品加工处理时，必须认真对待。

通过食品加工工艺可以减少有害微生物对食品的危害，同时，利用某些有益微生物的活动来抑制其他有害微生物的活动。这就需要了解微生物的形态、生理、生长繁殖的特征，以及其与环境之间的关系。对微生物产生影响的外界环境因素有以下几个。

1. 温度条件

微生物可生长的温度范围比较广，但是每种微生物只在一定的范围内生长并有其所能耐受的最高温度和最低温度。超过微生物最高生长温度将引起微生物死亡。绝大多数微生物的营养体在水的沸点温度都易被杀死，特别会杀灭芽孢。细菌按其适宜温度自下而上可以分为嗜热性细菌（49～77 ℃）、嗜温性细菌（21～43 ℃）和嗜冷性细菌（2～10 ℃）（也有认为是 14.4～20 ℃）的三种。

2. 水

微生物的生命活动离不开水。微生物细胞的含水量为 70%～85%，在干燥的环境中会停止其生命活动，较长时间干燥将导致其死亡。一般微生物适于渗透压为 3～6 atm（1 atm＝1.013×10^5 Pa）的环境。

3. 气体成分

从微生物生存的条件看，有好氧微生物、厌氧微生物、兼性微生物三种类型。但是高二氧化碳、低氧对微生物都有较大的伤害。我们可以通过控制气体成分来影响微生物的活动。

4. pH 值

各种微生物有其生长的最适酸碱度，以 pH 值表示（pH 值即氢离子浓度的负对数）。一般适宜微生物生长的 pH 值为 5～9。

5. 光和射线

光和射线也会影响微生物的生命活动。例如，紫外线对微生物有强杀伤力，X 射线对微生物有致死作用。

6. 其他

汞、银、铜等重金属盐，醛、醇、酚等有机化合物，碘、氯等卤族元素化合物，表面活性物质（如肥皂）等都会对微生物有致死作用。

以上分析表明各种环境因素对微生物生长发育有一定影响。在各种因素的最低和最高限度之间微生物才能进行生命活动。在最适条件下，微生物的活动能力最强。

一种因素的影响可以因其他因素的影响而加强或削弱。例如，对于某种微生物不适合的 pH 值，可以因为温度升高而加强 pH 值的不利影响；过高的环境温度不适合某种微生物生长时，可以通过增加一些适当的营养物质而使其继续生长；有些杀菌剂由于环境中存在胶体物质（如蛋白质）或其他有机物质而使其作用减弱时，可以用提高温度或改变 pH 值的方法使其作用加强。由此可见，在多因素结合的微生物生长环境中，某一因素的改变往往可以发生主导的影响。我们把微生物引起的食品败坏，称为生物学败坏。

此外，化学因素的作用也可引起食品败坏。在食品加工过程中和加工品储藏期间如与空气接触就会发生氧化还原反应，而使加工食品变色、变味。罐头铁皮锈蚀穿孔、维生素被破坏等都是氧化还原反应所致。金属物与含酸量高的罐制品可以发生氧化还原反应，使金属溶解，放出氢气，产生化学性胀罐，致使内容物变质而不能食用。

 任务实施

实训任务一 菠萝发酵果醋的制作

一、实训目的

通过实训任务了解果醋的制备方法及微生物在果醋发酵中的作用。

二、实训要求

（1）详细做好试验记录。

（2）注意观察试验现象。

（3）分析影响成品质量的因素。

三、原辅材料、试剂和仪器

原辅材料：菠萝、白砂糖。

试剂：活性干酵母、醋酸菌。

仪器：烧杯、锥形瓶、发酵瓶、量筒、榨汁机、水浴加热器、手持糖度计、恒温振荡器等。

四、操作步骤

（一）工艺流程

原料分选→酵母菌活化→酒精发酵→醋酸菌的扩大培养→醋酸发酵→澄清→灌装→杀菌。

（二）操作要点

1. 原料分选

将存在腐烂、萎蔫等现象的菠萝挑出弃用，将切片以后的菠萝榨汁装瓶计量，用手持糖度计读出含糖量,加入白砂糖将糖度调到 20,然后放入水浴加热器内灭菌消毒(水浴 80 ℃,时间 10 min)。

2. 酵母菌活化

称取一定量的活性干酵母,在 10 倍于其体积的汁水混合液(汁∶水=1∶1,体积比)中于 40 ℃水浴中活化 20 min。

3. 酒精发酵

将活化后的酵母菌直接加入发酵瓶,并通过打循环的方式混合均匀,控制温度在 30 ℃,并且每天进行循环淋洗,以加强浸渍力度。每天测定糖度和酒精度,发酵至糖度和酒精度均达稳定值时结束,时长大约一周。

4. 醋酸菌的扩大培养

以 1.0%葡萄糖、1.0%酵母膏、2.0%碳酸钙、3.0%无水乙醇作培养基,加入锥形瓶(锥形瓶用 100 ℃蒸汽灭菌 30 min,确保无杂菌污染),将保藏的醋酸菌接种于培养基中,于 30 ℃恒温振荡器中进行摇床通气培养 24 h。

5. 醋酸发酵

酒精发酵后经过过滤得到原果醋粗品,将经过扩大培养的醋酸菌接种于酒精发酵液中,接种量为发酵液的 10%,在 33 ℃恒温振荡器中进行摇床通气醋酸发酵。待发酵液的 pH 值恒定或略高时醋酸发酵基本结束。

6. 澄清、灌装、杀菌

具体操作方法略。

五、成品质量要求

色泽亮黄、透明。具有菠萝所特有的果香及酸味,口味略酸,无悬浮物。

残糖量约为 1.2%,酒精含量为 0.7%,总酸度为 6.0%。

细菌总数不大于 500 个/mL;大肠菌群数不大于 2 个/100 mL;致病菌不得检出。

任务二 酶与食品加工

任务目标	任务描述	通过对酶褐变与非酶褐变的学习,掌握酶褐变与非酶褐变原理及其控制方法
	任务要求	了解食品褐变与食品加工的关系;掌握褐变原理及其控制措施

任务准备

一、酶促褐变

酶促褐变,即指食品中的酚类物质在酚酶的作用下,氧化而呈现褐色的现象。例如,苹果、香蕉等去皮后的变色现象。

（一）酶促褐变的机制

酶促褐变是酚酶催化酚类物质形成醌及其聚合物的结果。植物组织中含有的酚类物质，在完整的细胞中作为呼吸传递物质，在酚醌之间保持着动态平衡，当细胞破坏以后，氧就大量侵入，造成醌的形成和还原之间的不平衡，于是发生了醌的积累，产生了褐变现象。

在水果中，儿茶酚是分布非常广泛的酚类，在儿茶酚酶的作用下非常容易氧化成醌。醌的形成需要氧和酶，但醌一旦形成以后，进一步形成羟醌的反应则是非酶促的自动反应。羟醌进行聚合，依聚合程度增大而由红变褐，最后形成褐黑色的物质。

酚酶的最适 pH 值接近 7，比较耐热，依来源不同，在 100 ℃下钝化酶的时间需要 2～8 min。酚酶可以用一元酚或二元酚作为底物。果蔬中酚酶底物以邻二酚类及一元酚类最丰富。可作为酚酶底物的还有其他一些结构比较复杂的酚类衍生物，如花青素、黄酮类、鞣质等，它们都具有邻二酚型或一元酚型的结构。

（二）酶促褐变的控制

酶促褐变的发生需要三个条件：适当的酚类底物、多酚氧化酶和氧。加工中控制酶促褐变的方法主要从控制酶和氧两方面入手，主要途径有四种：钝化酶的活性、改变酶作用的条件、驱除或隔绝氧气、使用抗氧化剂。

（三）常用的控制酶促褐变的方法

1. 热处理法

在适当的温度和时间条件下加热新鲜食品，使酚酶及其他所有的酶都失活，是最广泛使用的控制酶促褐变的方法。热烫与巴氏消毒处理都属于这一类方法。

加热处理的关键是要在最短的时间内达到钝化酶的要求，否则易因加热过度而影响产品的质量；相反，如果热处理不彻底，虽破坏了细胞的结构，但未钝化酶，反而会强化酶和底物的接触而促进褐变。例如，白洋葱等如果热烫不足，变粉红色的程度比未热烫时还厉害。

水煮和蒸汽处理仍是目前最广泛使用的热烫方法。微波能的应用为钝化酶活性提供了新的有力手段，可使食品组织内外迅速受热，对质构和风味的保持极为有利。

2. 酸处理法

利用酸的作用控制酶促褐变也是广泛使用的方法。常用的酸有柠檬酸、苹果酸、磷酸及抗坏血酸等。通常，酸的作用是降低 pH 值以控制酚酶的活力，因为酚酶的最适 pH 值为 6～7，pH 值小于 3.0 时已明显无活性。

柠檬酸是使用最广泛的食用酸，有降低酚酶 pH 值作用，但对作为褐变抑制剂来说，单独使用柠檬酸的效果不好，通常需要与抗坏血酸或亚硫酸联用。

苹果酸是苹果汁中的主要有机酸，在苹果汁中对酚酶的抑制作用要比柠檬酸大得多。

抗坏血酸是更加有效的酚酶抑制剂，即使浓度极大也无异味，对金属无腐蚀作用，作为一种维生素，其营养价值也较高。

3. 二氧化硫及亚硫酸盐处理

二氧化硫及常用的亚硫酸盐如亚硫酸钠、亚硫酸氢钠、焦亚硫酸钠、低亚硫酸钠等都是广泛使用于食品工业中的酚酶抑制剂。在蘑菇、马铃薯、桃、苹果等食品加工中常用二氧化硫及亚硫酸盐的溶液作护色剂。

用直接燃烧硫黄的方法产生二氧化硫气体处理果蔬渗入组织较快；亚硫酸盐溶液的优点是使用方便，且在微偏酸性（pH 值为 6）的条件下对酚酶的抑制效果最好。

二氧化硫及亚硫酸盐抑制褐变的机制：游离的二氧化硫可把醌还原为酚；游离的二氧化硫和醌结合而防止了醌的聚合作用；游离的二氧化硫可抑制酚酶的活性。

二氧化硫法的优点是效力可靠、成本低，残存的二氧化硫可用抽真空、炊煮或使用双氧水等方法除去。缺点是使食品失去原色而被漂白（花青素被破坏）、腐蚀铁罐的内壁、有不恰当的嗅感与味感（残留浓度超过 0.01 mol/L 即可感觉出来），并且会破坏维生素。

4. 驱除或隔绝氧气

驱除或隔绝氧气的具体措施有三种。

（1）将去皮切开的果蔬浸没在清水、糖水或盐水中。

（2）浸涂抗坏血酸液，使其表面生成一层氧化态抗坏血酸层。

（3）用真空渗入法将糖水或盐水渗入组织内部，驱除空气。苹果、梨等果肉组织间隙中气体较多的水果最适宜用此法。一般在 700 mmHg（1 mmHg＝133.32 Pa）真空度下保持 10～15 min，然后突然破除真空，即可将汤汁强行渗入组织内部，从而驱除细胞间隙中的气体。此法不仅有控制酶促褐变的作用，并且对保持罐头内容物的沥干效果也有好处。

5. 加酚酶底物类似物

用酚酶底物类似物（如肉桂酸、对位香豆酸及阿魏酸）等可以有效地控制果蔬汁的酶促褐变。在这三种同系物中以肉桂酸的效果最好。

二、非酶褐变

在食品储藏与加工过程中，常发生与酶无关的褐变作用，称为非酶褐变。这种类型的褐变常伴随热加工及较长期的储存而发生，如在蛋粉、脱水果蔬、肉干、鱼干、玉米糖浆、水解蛋白、麦芽糖浆等食品中屡见不鲜。

（一）非酶褐变基本的类型

关于非酶褐变基本上已知有三种类型在起作用，分别是美拉德反应（又称羰氨反应)、焦糖化反应、抗坏血酸反应。

1. 羰氨反应

1912年，法国化学家美拉德发现，甘氨酸和葡萄糖的混合液在加热时会形成褐色的所谓"类黑色素"。这种反应后来被称为美拉德反应，泛指氨基化合物和羰基化合物之间的类似反应。

羰氨反应是食品在加热或长期储存后发生褐变的主要原因。羰氨反应过程可分为初始阶段、中间阶段和终了阶段三个阶段，每一个阶段包括若干反应。

2. 焦糖化反应

糖类在没有氨基化合物存在的情况下加热到其熔点以上时，也会变为黑褐色的色素物质，被称为焦糖化反应。

焦糖化反应在酸性或碱性条件下都能进行，但速度不同，在pH值为8时要比pH值为5.9时快10倍。

糖类在强热的情况下，生成两类物质：一类是糖的脱水产物，即焦糖；一类是裂解产物，即一些挥发性的醛、酮类物质。

在一些食品中，如焙烤、油炸食品等，焦糖化反应若控制得当，可以使产品得到怡人的色泽与风味。

3. 抗坏血酸反应

抗坏血酸反应在果汁及果汁浓缩物的褐变中起着重要的作用，尤其在柑橘汁的变色中起着主要作用。实践证明，柑橘汁在储藏过程中色泽变暗，释放出二氧化碳并使抗坏血酸含量降低，是抗坏血酸自动氧化反应的结果。

柑橘汁及其浓缩物的抗坏血酸反应在很大程度上依赖于pH值及抗坏血酸的浓度这两个因素，在pH值为2.0~3.5时，褐变与pH值成反比，所以pH值较低的柠檬汁（pH值为2.15）及葡萄柚汁（pH值为2.9）比橘子汁（pH值为3.4）容易发生褐变。

（二）非酶褐变对食品质量的影响

1. 对食品营养质量的影响

非酶褐变对食品营养质量的影响主要是氨基酸因形成色素复合物和在降解反应中的破坏而造成损失。色素复合物在消化道中不能水解。组成蛋白质的所有氨基酸中，最容易在褐变反应中损失的是赖氨酸，因为它的游离氨基最容易和羰基相结合。由于赖氨酸是许多蛋白质的限制氨基酸，它的损失对蛋白质营养质量的影响往往是很大的。

2. 对食品感官质量的影响

非酶褐变对食品质量影响的另一个方面是呈味物质的形成，这些物质赋予食品或优或劣的嗅感与味感。降解作用过程是褐变中产生嗅感物质的主要过程，在此作用中生成的醛各有特殊的嗅感。据统计，糖的焦化产生的挥发性产物达 40 多种，其中与烧煳的糖特有气味有关的主要是糠醛及其衍生物。具有典型的焦糖（酱色）香气的物质是 4-羟基-2,3,5-己烷三酮和 4-羟基-2,5-二甲基-3-二氢呋喃酮。依据热解产物的浓度不同，可诱导出甜味、辣味、苦味等各种味感。

（三）非酶褐变的控制

食品的种类繁多，褐变的原因不同，因此难以找出一种通用的控制方法，以下提出一些可能的途径，实践中应根据具体情况采用不同的措施加以控制。

1. 降温

降温可以减缓所有的化学反应速度，因而低温冷藏下的食品可以延缓非酶褐变的进程。

2. 亚硫酸及其盐处理

亚硫酸根可与羰基生成加成产物，因此可以用二氧化硫和亚硫酸盐来抑制羰氨反应褐变。

3. 改变 pH 值

因为羰氨反应一般在碱性条件下较易进行，所以降低 pH 值是控制这类褐变的方法之一。例如，蛋粉脱水干燥前先加酸降低 pH 值，在复水时加碳酸钠恢复 pH 值。

4. 降低产品浓度

适当降低产品浓度有时也可降低褐变速率。例如，柠檬汁和葡萄柚汁比橘子汁易褐变，适当降低浓缩比有利于延缓褐变发生。柠檬汁和葡萄柚汁的适宜浓缩比通常为 4∶1，橘子汁则可高达 6∶1。

5. 使用较不易发生褐变的糖类

因为游离羰基的存在是发生羰氨反应的必要条件，所以非还原性的蔗糖在不会发生水解的条件下可用来代替还原糖。果糖相对来说比葡萄糖较难与氨基结合，必要时也可用来代替醛糖。

6. 生物化学方法

有的食品中，糖的含量甚微，可加入酵母菌用发酵法除糖，如蛋粉和脱水肉末的生产中就采用此法。

另一个生物化学方法是用葡萄糖氧化酶及过氧化氢酶混合酶制剂除去食品中的微量葡萄糖和氧。氧化酶把葡萄糖氧化为不会与氨基化合物结合的葡萄糖酸。此法也可用于除去罐（瓶）装食品容器顶隙中的残氧。

7. 适当增加钙盐

控制非酶褐变也可适量增加钙盐，因钙盐有协同二氧化硫抑制褐变的作用，此外，钙盐可与氨基酸结合成为不溶性化合物。这在马铃薯等多种食品加工中已经成功地得到应用。这类食品本来在单独使用亚硫酸根时仍有迅速变褐的倾向，但在结合使用氯化钙以后有明显的抑制褐变的效果。

 任务实施

实训任务二　食品加工中酶促褐变的控制

一、实训目的

通过食品加工中热烫等处理方法和加柠檬酸、异抗坏血酸钠等护色方法，初步掌握食品加工中常用的护色方法。

二、实训要求

认真观察比较，做好记录，分析并解释原因，写出实训报告。

三、原辅材料、试剂和仪器

原辅材料：苹果、马铃薯。

试剂：柠檬酸、亚硫酸钠、异抗坏血酸钠。

仪器：不锈钢刀、烧杯、电炉等。

四、操作步骤

（一）温度对食品酶促褐变的作用

用不锈钢刀切取苹果、马铃薯各 4 小片，各分成 2 份，一份放在室温下，另一份切好后立即投入沸水中，热处理 2 min 后，取出置于室温下，每 20 min 观察一次，共观察 4 次，记录切片颜色的变化。

（二）护色剂对食品加工制品颜色的影响

1. 按下列各编号要求配制护色剂

编号 1：0.4%的柠檬酸溶液；

编号 2：0.4%亚硫酸钠溶液；

编号 3：0.4%异抗坏血酸钠溶液；

编号 4：0.4%柠檬酸与 0.4%亚硫酸钠混合溶液；

编号 5：0.4%柠檬酸与 0.4%异抗坏血酸钠混合溶液；

编号 6：0.4%柠檬酸、0.4%亚硫酸钠与 0.4%异抗坏血酸钠混合溶液；

编号 7：另取 50 mL 水做对照用。

2. 处理原辅材料

用不锈钢刀切取苹果、马铃薯各 14 小片，在各编号溶液中放入苹果、马铃薯各 2 小片，注意让溶液淹没切片，处理 20 min 后，取出置于室温下，每 20 min 观察一次，共观察 4 次，记录切片颜色的变化。

3. 隔氧试验

用不锈钢刀切取苹果、马铃薯 6 小片，各取 4 片浸入一杯清水中，再各取 2 片置于空气中，10 min 后，观察记录颜色的变化，之后，再从杯中各取出 2 片置于空气中，10 min 后再观察比较。

实训任务三　新鲜食品在加工中的护色及处理

一、实训目的

通过实训任务了解新鲜食品易产生的色泽变化及抑制变色的方法。

二、实训要求

（1）进一步查资料，寻找新鲜食品加工中符合食品绿色生产要求的护色方法，找出各自的优缺点。

（2）进一步阐述护色在食品加工中的重要性。

（3）在上述阐述的基础上，写出不少于 1000 字的实训报告，总结经验，对不同的原料选择什么样的护色方法做出分析。

三、原辅材料、试剂和仪器

原辅材料：各种富含叶绿素的蔬菜，如菠菜、蕹菜（空心菜）、叶用莴苣、小白菜等。

试剂：0.5%碳酸氢钠、0.5%氧化钙、0.1%盐酸。

仪器：不锈钢刀、烧杯、电磁炉、恒温烘箱等。

四、操作步骤

（1）将洗净的原料各 5 条放入 0.5%碳酸氢钠、0.5%氧化钙、0.1%盐酸的试剂中浸泡 30 min 后捞出，沥干明水。

（2）将经以上处理的原料放入沸水中 2~3 min，取出放入冷水中冷却，沥干明水。

（3）将洗净的原料在沸水中烫 2~3 min，捞出冷却，沥干明水。

（4）将洗净的原料取 3~4 条。

（5）将洗净并经步骤（1）、（2）、（3）、（4）处理的原料放入 60 ℃烘箱中恒温干燥，观察其不同处理产品的色泽，并进行记载。

任务三　食品化学成分与食品加工

任务目标	任务描述	本任务要求通过对食品化学成分与食品加工的学习，了解不同化学成分的加工特点
	任务要求	了解食品化学成分与食品加工的关系

任务准备

一、碳水化合物的加工特性

(一)单糖、低聚糖的加工特性

1. 提供甜味

单糖、低聚糖通常作为甜味剂使用。不同的糖,甜度不一样,这与糖的结构和相对分子量有关,一般相对分子量越大,甜度越小。例如,与蔗糖相比,果糖的甜味感觉反应快,达到最高甜味的速度快,持续时间短,而葡萄糖的甜味感觉反应相对慢,达到最高甜味的速度也慢。在所有天然的糖中,蔗糖具备的甜味最纯正,甜味感觉反应速度适中,消失的速度迅速,所以蔗糖是食品工业中最重要的能量型甜味剂。

2. 黏度

黏度是一个用来描述液体流动难易程度的物理量。不同的糖,黏度不同,单糖的黏度比蔗糖低。通常糖的黏度随着温度的上升而下降,但葡萄糖的黏度则随着温度的升高而增大。在食品生产中,可通过调节糖的黏度来改善食品的黏度、适口性及可塑性。例如,软糖果、硬糖果的生产可以通过改变原料的成分达到不同的口感和不同的造型。

3. 渗透压

糖的渗透压与物质的分子大小有关,即与相对分子量有关,相对分子量小的物质的渗透压大于相对分子量大的物质。例如,果葡糖浆的主要成分是单糖,相对分子量小,其渗透压高于双糖(如蔗糖),用于蜜饯、果脯生产时可以缩短糖渍时间。高渗透压还可以抑制微生物生长,从而具有防腐保鲜作用,所以果葡糖浆用于食品保藏,比蔗糖更为有利。

4. 吸湿性、保湿性和结晶性

不同的糖,吸湿性不一样。在所有的糖中,果糖的吸湿性最强,葡萄糖次之,所以用果糖或果葡糖浆生产面包、糕点、软糖等食品,效果较好;但也正因果糖吸湿性、保湿性强,不能用于生产硬糖、酥糖及酥性饼干。低聚糖大多数吸湿性较差,因此可作为糖衣材料,或用于硬糖、酥性饼干的生产。

葡萄糖易结晶,但晶体细小,果糖和转化糖较难结晶,蔗糖易结晶,晶体粗大。例如,生产硬糖不能单独使用蔗糖,否则,当熬煮到水分小于3%时,冷却后就会出现蔗糖结晶破裂而得不到透明坚韧的产品。淀粉糖浆是葡萄糖、低聚糖和糊精的混合物,吸湿性较差且不能结晶,并能增加糖果的黏性、韧性和强度,糖果不易破裂,所以适合糖果的生产。若使用蔗糖易产生返砂现象,不仅影响外观且防腐效果降低。利用果糖或果葡糖浆的不易结晶性，适当添加果糖或果葡糖浆替代蔗糖，可大大改善产品的品质。

5. 褐变反应

食品在加热处理中常发生色泽与风味的变化，如蛋白饮料、焙烤食品、油炸食品、酿造食品中的褐变现象均与食品中的糖类，尤其是单糖与氨基酸、蛋白质之间发生的美拉德反应及糖在高温下产生的焦糖化反应密切相关。相对说来，低聚糖发生褐变的程度，尤其是参与美拉德反应的程度较单糖小。

某些食品如焙烤食品、酿造食品等为了增加色泽和香味，适当的褐变是必要的，但某些食品，如牛奶、豆奶等蛋白饮品和果蔬脆片则需要对褐变反应加以控制，以防止变色对质量造成不利的影响。

6. 抗氧化性

糖液具有抗氧化性，因为氧气在糖液中的溶解度大大减少，在20 ℃时，60%的蔗糖溶液中，氧气的溶解度约为纯水的1/6。糖液可延缓糕饼中油脂的氧化酸败，也可用于防止果蔬氧化，可阻隔果蔬与大气中的氧气接触，使氧化作用大为降低。若在糖液中加入少许抗坏血酸或柠檬酸，则可增强其抗氧化效果。糖醇类物质也有显著的抗氧化作用，木糖醇还可与生育酚协同增效。

此外，糖和氨基酸之间发生美拉德反应的中间产物也具有明显的抗氧化作用。如将葡萄糖与赖氨酸的混合物加入焙烤食品中，对成品的油脂有较好的稳定效果。

7. 糖类发酵

糖类发酵对食品具有重要意义，酵母菌能使葡萄糖、果糖、麦芽糖、蔗糖、甘露糖等发酵生成酒精，同时产生二氧化碳，这是酿酒生产和面包疏松的基础。但各种糖的发酵速度不一样，大多数酵母发酵糖的速度顺序为葡萄糖＞果糖＞蔗糖＞麦芽糖。乳酸菌除可发酵上述糖类外，还可以发酵乳糖产生乳酸。但大多数低聚糖不能被酵母菌和乳酸菌等直接发酵，低聚糖要在水解后产生单糖才能被发酵。由于蔗糖具有发酵性，在某些食品的生产中，可用其他甜味剂代替，以避免微生物生长繁殖而引起食品变质或汤汁混浊现象的发生。

（二）淀粉的加工特性

1. 淀粉的糊化

淀粉不溶于冷水，将其置于冷水中，经搅拌成乳状悬浮液，称为淀粉乳。当停止搅拌静置一段时间后，淀粉则沉淀于容器底部。如果将淀粉乳加热到一定温度，淀粉颗粒开始膨胀，温度继续上升，淀粉颗粒继续膨胀，晶体结构消失，体积膨大，相互接触变成黏稠液体，即使停止搅拌，淀粉也不会再沉淀，此时溶液变成半透明状胶体，这种现象称为淀粉的糊化。

淀粉糊化作用可分为三个阶段。首先是可逆吸水阶段，此阶段水分进入淀粉粒的非晶质部分，体积略有膨胀，此时冷却干燥，可以复原，性质基本不变；随后是不可逆吸水阶段，即随着温度升高，水分进入淀粉微晶间隙，不可逆地大量吸水，且有部分的淀粉分子溶于水；最后是淀粉粒解体阶段，即随着温度继续升高，淀粉粒膨胀成无定形的形状，更多的淀粉分子溶于水。

2. 淀粉的老化

老化是糊化的逆过程，老化是指糊化了的淀粉在室温或低于室温的条件下慢慢冷却，经过一段时间后，变得不透明甚至沉淀的现象。值得注意的是淀粉老化的过程是不可逆的，不可能通过糊化再恢复到老化前的状态。例如，生米煮成熟饭后，不可能再恢复成原来的生米。老化后的淀粉，不仅口感变差，消化吸收率也随之降低。不同来源的淀粉，老化难易程度不同，这是由于淀粉的老化与所含直链淀粉和支链淀粉的比例有关。一般来说，直链淀粉比支链淀粉易于老化，直链淀粉越多，老化越快。支链淀粉几乎不发生老化，其原因是支链淀粉的结构呈三维网状空间分布，妨碍了微晶束氢键的形成。

含水量、温度、pH 值不同，淀粉老化的难易程度也不同。一般淀粉含水量为 30%～60% 时较易老化，含水量小于 10% 或在大量水中则不易老化；老化作用的最适温度为 2～4 ℃，大于 60 ℃ 或小于 −20 ℃ 都不易发生老化；在偏酸或偏碱的条件下也不易发生老化。具有表面活性的大多数极性脂类可延迟面包心变硬（老化），如将甘油棕榈酸乙酯、其他甘油一酯及其衍生物，以及硬脂酰乳酸钠等化合物加入面包和其他烘焙食品的面团中，可延迟老化。

要防止淀粉老化，可将糊化后的淀粉，在 80 ℃ 以上的高温下迅速除去水分（水分含量最好达 10% 以下）或冷却至 0 ℃ 以下迅速脱水，这样淀粉分子已不可能移动和相互靠近，成为固定的 α-淀粉。α-淀粉加水后，因无胶束结构，水易于浸入而将淀粉分子包蔽，不需要加热，亦易糊化。这就是制备方便食品，如方便米饭、方便面条、饼干膨化食品等的原理。

3. 变性淀粉

变性淀粉在食品加工中有很多的应用，如米面制品主要利用变性淀粉良好的增稠性、成膜性、稳定性、糊化特性，主要使用的变性淀粉有酯化淀粉和羟丙基淀粉；在乳制品中主要作为胶凝剂、稳定剂、增稠剂，常用的变性淀粉主要有交联淀粉和羟丙基淀粉；在肉制品中主要作为保水剂、黏结剂和组织赋形剂，常用的变性淀粉主要有酯化淀粉和交联淀粉；在焙烤食品中主要利用变性淀粉良好的成膜性、高温膨胀性和稳定性；在糖果生产中主要利用变性淀粉良好的胶凝性、成膜性和黏性，常用的变性淀粉有氧化淀粉。

二、蛋白质的加工特性

蛋白质除了具有特殊的营养作用之外，在食品加工方面对食品的感官品质同样具有非常重要的影响，其主要功能如表 2-1 所示。

表 2-1 蛋白质在食品加工中的功能

功能	机制	食品	蛋白质种类
水结合	氢键、离子水合	肉、香肠、蛋糕和面包	肌肉蛋白质、鸡蛋蛋白质
溶解性	亲水性	饮料	乳清蛋白
乳化	在界面上吸附和形成膜	香肠、大红肠、汤、蛋糕和调味料	肌肉蛋白质、鸡蛋蛋白质和乳蛋白质
起泡	在界面吸附和形成膜	搅打起泡的浇头、冰激凌、蛋糕和甜食	鸡蛋蛋白质和乳蛋白质
脂肪和风味物的结合	疏水结合或截留	焙烤食品和油炸面包圈	乳蛋白质、鸡蛋蛋白质和谷物蛋白质
胶凝作用	水截留和固定、网状结构形成	肉、凝胶、蛋糕、焙烤食品和奶酪	肌肉蛋白质、鸡蛋蛋白质和乳蛋白质
黏度	水结合、流体动力学	汤、肉汁、色拉调味料和甜食	明胶
黏结-黏合	疏水结合、离子结合和氢键	肉、香肠、面条和焙烤食品	肌肉蛋白质、鸡蛋蛋白质和乳清蛋白质
弹性	疏水结合和二硫交联	肉和焙烤食品	肌肉蛋白质和谷物蛋白质

1. 蛋白质的水合作用

水是大部分食品的一个必需组分，水能改变蛋白质的物理化学性质。蛋白质的许多功能性质，如分散性、湿润性、溶解性、增稠、黏度、持水能力、胶凝作用、凝结、乳化和起泡，取决于水-蛋白质相互作用。

蛋白质结合水的能力受 pH 值、离子强度、盐的种类、温度和蛋白质构象的影响。例如，当蛋白质在等电点 pH 值时，蛋白质-蛋白质相互作用得到增强，蛋白质-水相互作用最弱，表现最低的水合作用。高于或低于等电点 pH 值，由于净电荷和排斥力的增加使蛋白质肿胀和结合较多的水。在 pH 值为 9～10 时，由于巯基和酪氨酸残基的离子化，大多数蛋白质结合水的能力比任何其他 pH 值时都大。在 pH 值为 10 时，赖氨酸残基的 ε-氨基上的正电荷失去，使蛋白质结合水的能力下降。盐浓度在低于 0.2 mol/L 时，能提高蛋白质结合水的能力，而在高盐浓度下，更多的水与盐离子结合，导致蛋白质脱水。

在食品中，蛋白质制剂的持水能力（蛋白质吸收水并将水保留在蛋白质组织中的能力）比结合水的能力更重要。被保留的水是结合水、流体动力学水和物理截留水的总和，其中物理截留水对持水能力的贡献远大于结合水和流体动力学水。但是蛋白质的持水能力与结合水的能力是正相关的。蛋白质截留水的能力与绞碎肉制品的多汁程度和嫩度相关，也与焙烤食品和其他凝胶类食品的理想质构相关。

2. 蛋白质的溶解度

蛋白质作为有机大分子化合物，在水中以分散态（胶体态）存在，因此，蛋白质在水中无严格意义上的溶解度，只是将蛋白质在水中的分散量或分散水平相应地称为蛋白质的溶解度。食品原料中蛋白质的溶解度会影响蛋白质的增稠、起泡、乳化、胶凝等作用及实际应用价值。蛋白质的溶解度是蛋白质-蛋白质和蛋白质-溶剂相互作用之间的平衡。

$$蛋白质-蛋白质 + 溶剂-溶剂 \rightleftharpoons 蛋白质-溶剂$$

影响蛋白质溶解性的因素很多，内部因素有蛋白质的氨基酸组成、分子结构、亲/疏水性和带电性，外部因素有温度、pH 值、离子强度、离子对种类及其他食品成分等。例如，疏水相互作用能促进蛋白质-蛋白质相互作用，使蛋白质溶解度降低；而离子相互作用能促进蛋白质-水相互作用，使蛋白质溶解度增加。

3. 蛋白质的乳化性

在食品乳化体系中，蛋白质能够降低油-水界面的界面张力，从而阻止体系中油滴的聚集，提高体系的稳定性。可溶性蛋白质最重要的作用是有向油-水界面扩散并在界面吸附的能力，一旦蛋白质的一部分与界面相接触，其疏水性氨基酸残基向油相排列，降低了体系的自由能，蛋白质的其余部分伸展并自发地吸附在界面上，形成蛋白质吸附层，从而起到稳定乳状液的作用，这就是蛋白质的乳化性质。乳状液类型产品有很多，如牛奶、蛋黄、椰奶、豆奶、奶油、人造奶油、涂抹食品、色拉酱、冷冻甜食、香肠和蛋糕等。其中，蛋白质起着乳化剂作用。例如，在天然牛奶中，脂肪球是由脂蛋白膜稳定的，当牛奶被均质时，脂蛋白膜被酪蛋白胶束和乳清蛋白质组成的膜所取代。酪蛋白胶束-乳清蛋白质膜比天然蛋白质膜更强，所以均质奶比天然牛奶更能抵抗乳状液分层。

影响蛋白质乳化稳定性的因素有蛋白质的分子性质、蛋白质的溶解性、pH 值、温度、浓度、表面活性剂。

4. 起泡性质

蛋白质泡沫是蛋白质液体薄膜包裹气泡的两项体系。液膜和气泡的界面上吸附着蛋白质表面活性剂，起着降低表面张力和稳定气泡的作用。蛋白质溶液经吹气、搅打和振摇形成稳定泡沫，由此生产出的食品属于泡沫类型产品，如搅打奶油、冰激淋、蛋糕、蛋白甜饼、面包、蛋奶酥、奶油冻、果汁软糖等。影响蛋白质起泡性质的因素有蛋白质的分子性质、蛋白质的溶解性、pH 值、盐类、糖类、脂类、热处理及机械处理等。

5. 蛋白质的风味结合

蛋白质本身是没有气味的，但能结合风味化合物，从而影响食品的感官品质。一些蛋白质，如油料种子蛋白质和乳清浓缩蛋白质，能结合不期望的风味物，限制它们在食品中的应用价值。这些不良风味物主要是不饱和脂肪酸氧化产生的醛、酮和醇类。一旦形成这些羰基化合物，其中的一些能与蛋白质强亲和，甚至溶剂都无法将它们从蛋白质中提取出来。

蛋白质结合风味的性质也有有利的一面，在制作食品时，蛋白质可以作为风味物的载体和改良剂。在加工含植物蛋白质的仿真肉制品时，蛋白质的这个性质特别有用，能吸附肉类风味。为使蛋白质起到风味物载体的作用，必须同风味物牢固地结合并在加工中保留住它们，当食品被咀嚼时，风味物又能释放出来。然而，蛋白质并不是以相同的亲和力与所有的风味物相结合，这就导致一些风味物不平衡和不成比例地保留及在加工中不期望地损失。与蛋白质相结合的风味物除非在口中易于释放出来，否则它们对食品的味道和香味无甚贡献。

蛋白质与风味物质的结合包括物理吸附和化学吸附，前者主要通过范德华力和毛细管作用吸附，后者包括静电吸附、氢键结合和共价结合。当风味物质与蛋白质相结合时，蛋白质的构象发生了变化。因此，任何能改变蛋白质构象的因素都能影响其与风味物质的结合。

6. 胶凝作用

蛋白质的胶凝作用是指变性的蛋白质分子聚集并形成有序的蛋白质网络结构的过程。这种网状结构主要由蛋白质分子中氢键、疏水性基团、静电、金属离子及二硫键等相互作用的结果。凝胶是介于固体和液体之间的中间相，在技术上又被称为"一种无稳定状态流动的稀释体系"。

制备食品蛋白质凝胶时，一般要先加热蛋白质溶液。溶胶状蛋白质先经变性转变呈预凝胶状态。这是一种黏稠液体，已经出现某种程度的蛋白质聚合作用，这进一步导致蛋白质的展开和必需数量的功能基团的暴露，它们是能形成氢键的基团和疏水性基团，使形成蛋白质网状结构的第二阶段得以出现。在展开的分子之间存在许多蛋白质-蛋白质相互作用，因此，预凝胶的产生是不可逆的。当预凝胶被冷却至室温或冷藏温度时，热动能的降低有助于各种分子上暴露的功能基团之间形成稳定的非共价键，于是产生胶凝作用。凝胶的形成不仅可以改进食品形态和质地，而且在提高食品的持水力、增稠等方面有一定的应用。

7. 蛋白质在加工中产生的变化

食品加工常涉及加热、冷却、干燥、化学试剂处理、发酵、辐照或其他方法。加热是食品加工中最常用的处理方法。它能使微生物和内源酶灭活，防止食品的氧化和水解，也能使生食转化为卫生且诱人的产品。但是，加热会损害部分蛋白质的营养价值和功能性质。

1）适度热处理的影响

多数食品的蛋白质在 60~90 ℃维持 1 h 或更短时间会产生变性。蛋白质广泛变性后一般失去溶解度，损害那些与溶解度有关的功能性质。蛋白质部分变性可改进它们的消化率和必需氨基酸的生物有效性。几种纯的植物蛋白质制剂和鸡蛋蛋白质制剂，即使不含蛋白酶抑制剂，仍然在体外和体内显示不良的消化率。适度加热能提高它们的消化率而不会产生有毒的衍生物。

蛋白酶、脂酶、脂肪氧合酶、淀粉酶、多酚氧化酶等常造成食品在保藏期间产生异味、酸败、质构变化和变色等，适度加热这些酶可使其失活。例如，为防止大豆粉、大豆分离蛋白、大豆浓缩蛋白等产生不良风味，往往在破碎豆类或油料种子前加热使脂肪氧合酶失活。

植物蛋白质常含有蛋白质类的抗营养因子，因此热处理对它们有益。豆类和油料种子经烘烤和大豆粉经湿热处理后能使外源凝集素和蛋白酶抑制剂失活，从而提高这些蛋白质的消化率,并减少胰脏肿大发生的概率。对于家庭烧煮和工业加工的豆类和以大豆粉为基料的食品,如果加热条件足以使这些抑制剂失活,那么这些抗营养因子就不会带来危害。

2)氨基酸的化学变化

在高温下,蛋白质常会发生化学变化,如外消旋、水解、去硫、去酰胺等。这些变化大部分是不可逆的,有些能形成有毒氨基酸。

在烧烤时,食品表面被加热至 200 ℃以上,氨基酸残基往往被分解和热解,并产生高度诱变的化合物。

3)食品中蛋白质的其他反应

蛋白质在加工中除了以上两种重要的变化外,蛋白质在加工过程中还会发生交联、羰-胺反应、蛋白质与脂肪的反应,以及在加工过程中受到氧化剂的影响而发生的反应。

三、脂类的加工特性

1. 起酥性

起酥性是指用作焙烤食品的材料可以使制品酥脆的性质。原理是通过在面团中阻止面筋的形成,使食品组织比较松散来达到酥脆的作用。在调制生产酥性糕点或饼干的面团时,加入大量油脂后,油脂能覆盖于面粉的周围并形成油膜,由于油脂的疏水性不仅可以降低面粉吸水率、限制面筋的形成,还会因为油脂的隔离作用,使已经形成的面筋不能互相黏合而形成较大的面筋网络及使淀粉和面筋之间不能结合,从而降低了面团的弹性和韧性,增加了面团的塑性。同时在叠层的作用下,油脂在面团的各层次中均匀分布,起着润滑作用,使面包、糕点、饼干产生层次,口感酥松。面团中油脂含量越高,面团的吸水性就越差,酥性越好。

2. 可塑性

可塑性是指油脂保持变性但不流动的性质。固态油在糕点、饼干面团中能呈片、条及薄膜状分布,就是由其可塑性决定的,而在相同的条件下液体油可能分散成点、球状。因此,固态油要比液态油能润滑更大的面团表面积。用可塑性好的油脂加工面团时,面团的延展性好,制品的质地、体积和口感都比较理想。

为了使固体油脂具有更好的可塑性,就要在固体油脂中添加一定量的液体油。固体油脂以极细的微粒分散在液体油中,由于内聚力的作用,液体不能从固体油脂中渗出。固体微粒越细、越多,可塑性越差,反之,可塑性越好。因此固体油脂和液体油脂的比例要适当才能有理想的可塑性,这也是人造油脂比天然固态油脂具有更好的加工性能的缘故。油脂的可塑性还受温度的影响,温度升高,部分固体脂肪熔化,油脂变软,可塑性变大;温度降低,部分液体油固化,未固化的部分因为温度降低而黏度会增加、油脂变硬、可塑性变小。

3. 融合性

油脂的融合性是指油脂在空气中经高速搅拌起泡时,包含空气中细小气泡的作用,是制作含油量较高的糕点时非常重要的性质，主要对酥性的糕点和饼干有影响。

在调制酥性食品面团时，首先要搅拌油、糖和水，使之充分乳化，并包裹一定量的空气。油脂包裹空气的量与搅拌程度和糖的颗粒状态有关。糖的颗粒越细，搅拌越充分，油脂中结合的空气就越多。当面团成形后进行焙烤时，油脂受热流散，气体膨胀并向两相的界面流动。在焙烤过程中，化学膨松剂或原料本身释放出的二氧化碳及面团中的水蒸气也向油脂流散的界面聚结，使制品碎裂产生很多空隙，形成片状或椭圆形的多孔结构，使制品的体积膨大疏松。

油脂的融合性与其成分和饱和程度有关，油脂的饱和程度越高，搅拌时吸入的空气量越多，融合性越强，因此，糕点、饼干生产过程中最好使用氢化起酥油。

4. 润滑作用

油脂在面包中充当面筋和淀粉之间的润滑剂。油脂能在面筋和淀粉之间形成一层薄薄的润滑膜，使面筋网络在发酵过程中的摩擦力减小，有利于膨胀，增加面团的延展性，增大面包体积。固态油脂的润滑效果要优于液态油脂。

5. 乳化性

在食品生产过程中经常会遇到油和水混合的问题，但油与水是不相容的，为了使水和油相互作用形成稳定的乳浊液，就需要在油脂中添加一定量的乳化剂，如酥类饼干在加工过程中用了添加乳化剂的酥油能形成水/油型乳浊液，加工出来的食品组织疏松、体积大、风味好。

6. 热学性质

油脂的热学性质是指在食品加工过程中油脂充当了加热的介质，主要表现在油炸、煎炸食品加工中。当油炸或煎炸食物时，油脂能将热量迅速均匀地传递到食品表面，使食品很快变熟，同时还能避免食品表面过快干燥并减少可溶性物质的流失。

四、其他成分及加工特性

（一）维生素与食品加工

维生素是维持人体正常生命活动所必需的一类小分子有机化合物。维生素不构成机体组织和细胞，也不产生能量，但却有特殊的功能，是其他营养素不可替代的。许多维生素常常不稳定，因此，人类常向食物中添加，甚至将某些维生素化学修饰后添加。维生素不能过量食用，否则易引起疾病。

1. 维生素含量的内在变化

果蔬中维生素的含量随成熟期、生长地及气候的变化而异。在果蔬的成熟过程中，维生素的含量由其合成与降解速率决定。例如，番茄中维生素C的含量在未完全成熟时最高，胡萝卜中的类胡萝卜素的含量随品种而异，成熟期对其并无显著影响。

动物制品中维生素含量受生物调控机制和动物饲料两方面的影响。对于维生素 B 族，组织中的维生素含量受到组织空隙的限制，该空隙用于接纳血液中的维生素，并将其转化为辅酶形式。营养欠缺的饲料使组织中脂溶性维生素和水溶性维生素的含量降低。与水溶性维生素不同，在饲料中补充脂溶性维生素更易提高其在组织中的浓度。这已成为在某些动物制品中增加维生素 E 含量的一种手段，可用以改善氧化稳定性和色泽保留率。

2. 采摘或宰杀对维生素的影响

果蔬或动物组织中的酶在采摘或宰杀后其中的维生素含量会发生变化。例如，维生素 B_6、维生素 B_1 与黄素辅酶的脱磷、维生素 B_6 糖苷的脱糖及聚谷氨酰叶酸的解聚，都会引起维生素的损失和分布变化。分布差异程度取决于物理损伤、处理方式、温度、从收获到加工的时间跨度等。抗坏血酸氧化酶只能专一地降解抗坏血酸，脂肪氧合酶的氧化可降低许多维生素的含量。

基于不同储藏条件，采后植物组织的继续代谢是造成某些维生素含量和化学形式分布变化的原因。在典型的冷藏条件下，宰后肉产品中维生素的损失通常很小。

3. 机械处理对维生素的影响

在去皮时，维生素大量损失，因为维生素富集在废弃的茎、外皮和去皮部分，但去皮常常是不可避免的。若对表皮采用碱处理可造成产品表面的不稳定维生素（叶酸、抗坏血酸、硫胺素）的额外损失。

动植物产品的伤口，在遇到水或水溶液时会由于浸出或沥滤而造成水溶性维生素的损失。在清洗、水槽输送、盐水浸煮时，易发生维生素损失，损失程度取决于维生素的扩散系数和溶解度等因素，包括 pH 值（能影响溶解度和组织内维生素从结合部位解离）、抽提液的离子强度、温度、食品与水溶液的体积比及食品颗粒的比表面积。引起浸出的维生素破坏的抽提液性质包括溶解氧浓度、离子强度、具有催化活性的微量金属元素的浓度与种类及破坏性（如氯）或保护剂（如某些还原剂）溶质的存在。

谷物制品在碾磨、分级和脱芽、脱麸过程中，许多维生素也会损失掉。

4. 热处理对维生素的影响

热烫的目的是将酶灭活，降低微生物附着，减少处理前空隙间的气体。热烫可用热水、流动蒸汽、热空气或微波处理。维生素的损失主要由于氧化和沥滤，而高温也造成损失。

高温瞬时处理能提高在热烫和其他热处理过程中不稳定营养素的保留率。热处理时的高温加速了在常温时速度较慢的反应。由热引起的维生素损失取决于食品的化学性质、化学环境（pH 值、相对湿度、过渡金属、其他反应活性物质、溶解氧等因素）、维生素的稳定性、沥滤的时机。

5. 水活度对维生素的影响

加工后储藏对维生素的影响较小，但仍然显著。水活度对维生素损失的影响显著，低水活度时水溶性维生素不易降解，对脂溶性维生素和类胡萝卜素的影响类似于不饱和脂肪酸，即在单分子层水合时反应速率最低，高于或低于此值时反应速率增加。若食品过于干燥，对氧敏感的维生素也会造成相当高的损失。

6. 加工用化学品及其他食品组分对维生素的影响

食品的化学组成对维生素的稳定性影响强烈。氧化剂可直接降解抗坏血酸、维生素A、类胡萝卜素和维生素E，并有可能间接影响其他维生素。影响程度受氧化剂浓度及其氧化电极电位的支配。还原剂可作为氧和自由基清除剂，如抗坏血酸、异抗坏血酸及各种硫醇类还原剂，可增加易氧化维生素（如四氢叶酸）的稳定性。

葡萄酒中添加的抑制野生酵母和抑制干燥食品中酶促反应的亚硫酸盐和其他亚硫酸制剂对抗坏血酸有保护作用，而对其他维生素有不利影响。亚硫酸根可直接作用于硫胺素，使其失去活性。亚硫酸盐同样能与羰基发生反应，并且人们已知它可使维生素 B_6 醛转化为可能无生理活性的磺酸盐衍生物。

影响 pH 值的化学品和食品配料，尤其在中性到微酸性范围内，会直接影响诸如硫胺素和抗坏血酸类维生素的稳定性。酸化增加了稳定性；相反，烷基化物质使抗坏血酸、硫胺素、泛酸、某些叶酸的稳定性降低。

（二）矿物质与食品加工

矿物质是构成人体组织和维持正常生理功能必需的各种元素的总称，是人体必需的七大营养素之一。人体中含有的各种元素，除了碳、氧、氢、氮等主要以有机物的形式存在以外，其余的元素统称为矿物质（又称无机盐）。食品中的矿物质元素根据其在人体中的含量或摄入量的多少可分为常量元素、微量元素和超微量元素。常量元素是指在有机体内含量大于 0.01% 的元素，或日需量大于 100 mg 的元素，主要有钙、镁、钾、钠、磷、硫、氯 7 种；微量元素指在有机体内含量小于 0.01% 的元素，或日需量小于 100 mg 的元素，目前已知的人体必需的微量元素有铁、铜、碘、锌、锰、钼、钴、铬、锡、钒、硒、硅、镍、氟；还有一些元素在人体中的含量是微克（10^{-6}）数量级的，如锗、钛等。

1. 矿物质的溶解性

矿物质的络合物和螯合物的溶解性不同于无机盐的溶解性。例如，将氯化铁溶解在水中，铁很快以氢氧化铁形式沉淀，但与柠檬酸根螯合的高价铁的溶解度很大。氯化钙是可溶的，但与草酸根离子螯合的钙不溶于水。

2. 不同矿物元素在食品加工中的功能性

1）钙

钙在植物和动物组织中起架构作用，与光合作用、氧化磷酸化、凝血、肌肉收缩、细胞分裂、神经传输、酶反应、细胞膜功能、激素分泌等过程都有关系。

钙在活细胞中的多重作用和其与蛋白质、碳水化合物、脂类形成络合物的能力有关。

钙的结合是有选择的，它结合中性氧原子（包括醇和羰基的氧原子）和同时能结合两个中心的能力使它能将蛋白质和多糖进行交联。

牛乳中的钙分布在乳清和酪蛋白胶束中。乳清中的钙以溶解态存在，占牛乳总钙的30%；其余的钙与酪蛋白胶束结合，主要以胶体磷酸钙的形式存在。

在干酪生产中，钙和磷酸根起着重要的功能作用。在凝乳前添加钙可缩短凝块时间。钙含量低的凝乳较脆，钙含量高的干酪更富有弹性。

2）磷酸盐

食品中的磷酸盐有许多存在形式，既天然存在于生物大分子中，也存在于具有特定功能的食品添加剂中。磷酸盐食品添加剂的作用包括酸化（软饮料）、缓冲（饮料）、抗结块、膨松、稳定、乳化、持水和防氧化。在一般食品的 pH 值条件下，磷酸根带负电荷。聚磷酸盐如同聚电解质，磷酸根强烈地结合金属离子。磷酸盐常被用来提高鱼和肉的持水能力。

3）铁

铁在生物体中只以与蛋白质结合的螯合物的形式存在。游离铁对活细胞有毒，该毒性可能由活泼氧引起。生物体常以铁蛋白形式储存氢氧化铁。无机铁不易吸收。在中性 pH 值时，即使有过量的还原剂（如抗坏血酸），高价铁也不会被还原。当 pH 值降低时，抗坏血酸会迅速将三价铁还原成二价铁。由于二价铁比三价铁对配位体的亲和力更低，这个还原作用使食品中的铁从螯合物中释放出来。

铁能通过加速食品中脂的氢过氧化物的分解来催化脂的过氧化反应。无论二价铁还是三价铁均会加速脂的过氧化过程，尤其是二价铁更快，故抗坏血酸能将三价铁转化为二价铁，起到助氧化剂的作用。

4）镍

镍对食品加工的作用主要在于作为氢化油的催化剂。为获得所需要求的氢化油，对操作条件（压力和温度）的控制非常重要。

5）铜

铜在食品中主要以络合物和螯合物的形式存在。铜会催化食品中的脂类氧化。

在制作蛋皮酥皮菜时，都把铜碗作为首选的打蛋白容器。打蛋时，过度搅打会致蛋白泡沫破灭。蛋白含有伴清蛋白，其能结合铜离子，也能结合铁离子，铜或铁的存在能稳定伴清蛋白，使其不致过度变性。

五、水与食品加工

1. 食品生产用水的分类

水是食品生产中的重要组成部分，但并非所有的水都可以供食品生产使用，水质的好坏将直接影响食品的品质。食品生产用水可按水源、水质及水的用途进行分类。按水源分类可分为地面水和地下水；按水质分类可分为软水和硬水；按用途分类可分为生产原料用水，面包、蛋糕等调整面团用水，配制饮料用水等，以及生产过程中非工艺用水，包括水蒸气、清洁用水、制冷用水等。不论是生产原料用水还是非工艺用水，都必须符合《生活饮用水卫生标准》(GB 5749—2006)。

2. 水在食品加工中的作用

在食品生产中，如和面、蒸馏、腌制、发酵都离不开水，酱油、醋、汽水、啤酒等食品中含有大量的水，所以水在食品生产中起着非常重要的作用，主要表现在以下几方面。

(1) 水化作用：主要体现在香肠等肉制品及面团调制中。例如，在面团调制过程中，面粉中的蛋白质吸水、膨胀形成面筋，形成面团。

(2) 溶剂作用：溶解干性原料，使各种原辅料充分混合。

(3) 热导作用：作为焙烤、蒸煮等食品加工的传热介质。

(4) 作为主要原料，典型的例子就是饮料产品，各种饮料的大部分成分都是水。

(5) 调节和控制面团软硬度的作用。

(6) 促进酵母等微生物生长，促进酶促反应的进行。一切生化反应均需要水作反应介质，一切生物活动均需要在水溶液中进行。

3. 加工用水的要求及处理

1) 加工用水的要求

加工用水量大，而且对水的质量要求高。生产 1 t 罐头产品需水 40~60 t，1 t 糖制品需水 10~20 t。

凡与原料直接接触的用水，应符合《生活饮用水卫生标准》(GB 5749—2006)。无色、澄清、无悬浮物质、无异味异臭、无致病细菌、无耐热微生物及寄生虫，不含对人体健康有害、有毒的物质。此外，水中不应含有硫化氢、氨、硝酸盐及亚硝酸盐等，也不应含有过多的铁、锰等。

水的硬度也直接影响加工产品的质量，通常用氧化钙含量表示。

水的总硬度：0~4 °dH 为最软的水；4~8 °dH 为软水；8~16 °dH 为中等硬度的水；16~30 °dH 为硬水；30 °dH 以上为极硬的水。

硬度过大的水不适宜用作加工用水，因硬水中的钙盐与果蔬中的果胶酸结合生成果胶酸钙而使果肉变硬，镁盐味苦，1 L 水中含有 40 mg 氧化镁便可尝出苦味。钙、镁盐还可与果蔬中的酸化合生成溶解度小的有机酸盐，并与蛋白质生成不溶性物质，引起汁液混浊或沉淀。所以，除蜜饯制坯、半成品保存可用硬度较大的水，以保持果蔬的脆性和硬度外，其他加工品要求水的硬度不宜过高。

具体地讲，用途不同，加工品种类不同，对水的硬度要求亦不同。一般锅炉用水（动力用水）要求 0.035~0.1 °dH 的水；罐藏品、速冻制品、干制品要求 8~16 °dH 的水，水过硬，易产生沉淀，影响品质，使罐液混浊；果酒、汽水要求透明度高，要求用 4~8 °dH 的软水；腌渍类产品，要求有一定的硬度，可用 16 °dH 以上的水。

2) 加工用水的处理

加工用水的处理流程是澄清、消毒、软化、除盐。

（1）澄清有以下 3 种方法。

① 自然澄清。将水静置于储水池中，待其自然澄清，但只能除去水中较大的悬浮固体。

② 过滤。水流经一种多孔性或有孔隙结构的介质（如砂、木炭）时，水中的一些悬浮物或胶态杂质被截留在介质的孔隙或表面上，使水澄清。一般常用的过滤介质有砂、石英砂、活性炭、磁铁矿粒、大理石等。

③ 加混凝剂澄清。在自然水中，悬浮物表面一般带负电荷，当加入的混凝剂水解，生成不溶性带正电荷的阳离子，便发生电荷中和而聚集下沉，使水澄清。常用的混凝剂有铝盐和铁盐，其中铁盐主要有硫酸亚铁、硫酸铁及三氯化铁等。

（2）消毒：经澄清处理的水，仍含有大量微生物，特别是致病菌与抗热性微生物，须进行消毒。食品加工用水一般采用氯化法消毒，常用漂白粉、漂白精、液态氯等。

此外，还有紫外线消毒、臭氧消毒等方法。

（3）软化：降低水的硬度，以符合加工用水的要求，特别是锅炉用水对硬度要求更严。

① 加热法。水中含钙、镁碳酸盐的称为暂时硬水。含钙、镁硫酸盐或氯化物的称为永久硬水。暂时硬度和永久硬度统称总硬度。加热法可除去暂时硬度。

② 石灰与碳酸钠法。加石灰可使暂时硬水软化，加石灰及碳酸钠可使永久硬水软化。

③ 离子交换法。硬水通过离子交换剂层软化，即得到软水，含钙量可降至 0.01 mmol/L 以下。多用离子交换树脂，硬水中的 Ca^{2+}、Mg^{2+} 被 H^+ 置换，使水软化。

（4）除盐：经软化的水含有大量的盐类及酸，为了得到无离子的中性软水，须除盐。

① 电渗析法。用电力使阴阳离子分开，并被电流带走，而得到无离子中性软水，该法能够连续化、自动化，不需外加任何化学药剂，因此它不含任何危害水质的因素，同时对盐类的除去量也容易控制。

② 渗透法（或称超过滤法）。在反渗透器中，对水施加压力，使水分子通过半渗透膜，而水中其他离子被截留，从而达到除盐的目的。

任务实施

实训任务四　果蔬中可溶性固形物含量的测定

一、实训目的

通过实训任务了解原材料中可溶性固形物含量的测定方法及折光仪的使用。

二、实训要求

（1）详细做好试验记录。

（2）注意观察试验现象。

三、原辅材料和仪器

原辅材料：苹果、桃、梨、番茄、黄瓜等。

仪器：手持折光仪（测糖仪）。

四、操作步骤

（一）工艺流程

仪器校正→取样→测定。

（二）操作要点

1. 仪器校正

首先掀开照明棱镜盖板，用柔顺的绒布（或镜头纸）仔细将折光仪棱镜拭净，注意不能划伤镜面，然后取蒸馏水或清水 2 滴滴于折光仪棱镜上，合上盖板，将仪器进光窗对向光源或明亮处，调整校正螺丝，将视场明暗分界线调节在 0 处。然后把蒸馏水拭净，准备测定样品。

2. 取样

切取果肉一块，挤出果汁或菜汁数滴滴于折光仪棱镜镜面上，合上盖板，使果汁遍布于棱镜表面。

3. 测定

将进光窗对准光源，调节目镜视度圈，使视场内黑白分划线清晰可见，于视场中所见黑白分界线相应的读数，即果汁或菜汁中可溶性固形物含量百分数，用以代表果实中含糖量。

思考与练习

1. 请归纳总结食品加工中微生物、酶的性能、作用及使用要求。
2. 作为一名食品技术人员，在食品加工制造中必须注意哪几个方面的问题？
3. 简要说明控制酶促褐变的方法及控制非酶褐变的方法。
4. 什么是原料的预处理？试述二氧化硫的作用及特征，食盐的保藏作用。
5. 为什么说食品加工预处理时热烫有利于绿色的保护？

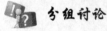

分组讨论

讨论食品中微生物、酶及化学成分对食品绿色加工技术影响。

实训设计

通过对实训任务的学习，设计出果蔬护色的绿色加工技术并进行相关试验。

项目三　果蔬制品的绿色加工

☞ 项目导入

在制作葡萄干时，人们总是希望葡萄尽快失水变干，以便缩短制作周期，降低晾晒过程中葡萄干沉积灰尘和被细菌侵蚀、氧化变色的可能性。

传统葡萄干制工艺主要有晾晒和阴干两种，晾晒制得的葡萄干味发酸、易褐变，目前普遍采用阴干工艺，但阴干所需周期较长，短则30～45 d，长则需要60 d之久，并且易受气候变化影响。

为了改善这一技术，科研人员便研制出了促干剂。既可在葡萄上使用，也可在枸杞、杏等其他果品上使用。促干剂的使用，大大缩短了干制周期，最大程度地摆脱了气候因素的限制，还能让葡萄干的含糖量高达60%～70%，其质量也有所提升，具有广阔的应用前景。因此，促干剂对于加速鲜果干制速率，提升干果品质，乃至降低鲜果采后损失都具有重要意义。

在果蔬制品的绿色加工过程中促干剂的使用能够使生产过程更加绿色环保，能耗降到最低，请问：这种促干剂的成分有哪些呢？

☞ 项目目标

知识目标：（1）熟悉果蔬原料绿色准备的相关知识。
（2）掌握果蔬冷冻干制、糖制、罐藏和饮料制品的加工原理，了解在此过程中所发生的变化。
（3）掌握影响果蔬干制、糖制、罐藏和饮料制品加工效果的主要因素及常用的方法。

技能目标：（1）掌握利用常见南亚热带果蔬原料开发绿色干制食品的基本工艺。
（2）熟悉果蔬糖制工艺和凉果加工中的质量问题和解决方法。
（3）通过对实训任务的学习，能够设计出果蔬干制、糖制、罐藏和饮料制品的绿色加工工艺。

任务一　果蔬原料的绿色准备

任务目标	任务描述	本任务要求通过对果蔬原料相关知识的学习，对果蔬原料有全面的了解
	任务要求	熟练掌握果蔬化学成分及其加工特性

任务准备

一、果蔬原料

（一）果品

果品包括常绿果树和落叶果树两类，其加工部位主要是果实部分，果实是由子房膨大形成的。

1. 常绿果树

（1）柑橘类：柑橘、红橘、温州蜜柑、橙、柚、柠檬、金橘、佛手等。
（2）其他常绿果树：荔枝、橄榄、芒果等。
（3）多年生草本植物：香蕉、菠萝等。

2. 落叶果树

（1）仁果类：苹果、梨、山楂、海棠等。
（2）核果类：桃、李、杏、梅子、樱桃等。
（3）浆果类：葡萄、草莓、木瓜、猕猴桃等。
（4）坚果类：核桃、板栗、山核桃等。
（5）杂果：柿子、枣等。

（二）蔬菜

按可食部分不同，蔬菜可分为以下六类。

1. 根菜类

食用其肥大的根，如胡萝卜、萝卜、甜菜等。

2. 茎菜类

竹笋、土豆、莲藕、姜、荸荠、洋葱、莴笋、豆芽等。

3. 叶菜类

食用叶片或叶柄的，如大白菜、甘蓝、菠菜等。

4. 花菜类

黄花菜、菜花等。

5. 果菜类

番茄、茄子、青椒、黄瓜、苦瓜、豆类、甜玉米等。

6. 食用菌

平菇、香菇、木耳等。

二、果蔬化学成分及其加工特性

1. 水分

果蔬原料含有大量的水分，新鲜状态的制汁水果的含水量为70%~90%，大部分新鲜状态的果蔬原料的含水量超过90%。水分是影响果蔬嫩度、鲜度和味道的重要成分，同时又是果蔬储存性差、容易变质与腐烂的原因之一。果实中的水包括自由水（游离水）和束缚水（胶体结合水）。果蔬原料的其余成分是固形物，固形物按是否溶解于水可以分为水溶性固形物和水不溶性固形物两类。水溶性固形物含量可以用折光仪直接测量。水溶性固形物主要有糖、有机酸、果胶和单宁等。水不溶性固形物主要有淀粉、纤维素、半纤维素、脂肪、原果胶等。果蔬的其他成分还有维生素、矿物质、色素、含氮物质及芳香性物质。在加工过程中含水量高的果蔬原料内的绝大部分可溶性固形物会随水分进入果蔬原汁中；而对含水量较低的果蔬原料，则必须另外加入水分以提取它们所含的可溶性固形物。

2. 碳水化合物

果蔬中的碳水化合物主要有糖、淀粉、纤维素、半纤维素和果胶等，是固形物中最主要的成分。碳水化合物在加工中会发生很多变化，对加工工艺和产品质量均有直接影响。

1）单糖和双糖

果蔬中可溶性固形物的主要成分是糖，包括单糖和双糖。单糖主要有葡萄糖和果糖，双糖为蔗糖。葡萄糖存在于植物的根、茎、叶、花等部位。果糖在水果中含量较丰富。果蔬的含糖量会因品种、收获季节等因素而有很大的变化。

果实甜味的强弱除与糖的含量及种类有关外，还受有机酸、单宁等多种物质的影响，其中糖酸比的影响尤为重要。

多数蔬菜中的碳水化合物成分主要是淀粉，含糖量较低。不同蔬菜的含糖量也有很大不同，如胡萝卜、洋葱等。蔬菜中碳水化合物的主要成分是糖类，而且与水果一样，主要是葡萄糖、果糖和蔗糖。瓜果类蔬菜，如甜瓜等的含糖量为6%~10%，甚至可与水果相媲美。

果蔬中的还原糖，特别是果糖，能与氨基酸或蛋白质发生反应，生成类黑物质，使加工品发生褐变，这种非酶褐变多发生在果蔬的热加工过程中。

2）淀粉

淀粉作为植物的储藏物质，以球形或椭圆形储藏于果实、块茎和根中。淀粉在淀粉酶作用下先转化为麦芽糖，再转化为葡萄糖。

淀粉一般存在于未成熟的果实中，苹果、梨、芒果、香蕉、西番莲、柿子、番茄中均含有淀粉。果实中淀粉含量最多的是板栗，多达50%～70%。香蕉含淀粉18%～20%，苹果含淀粉1.0%～1.5%，而橘、葡萄几乎不含淀粉。随着成熟度的增加，果实中的淀粉会全部或大部分水解成糖，使可溶性固形物增加，果实变甜。苹果、香蕉、猕猴桃和柿子等都有这种现象。因此，淀粉含量常作为这类果实成熟度的重要指标之一。

在果蔬饮料的加工中，淀粉的存在会使果蔬饮料变得胶黏，影响过滤或使产品混浊。多数蔬菜，特别是块根、块茎和豆类蔬菜中的淀粉含量较高，根据蔬菜汁品种及加工的饮料类型，决定保留或去除其中的淀粉成分。

3）纤维素和半纤维素

果蔬中的纤维素含量较低，一般为0.2%～3.0%，果蔬品种不同，纤维素含量也不同。水果的纤维素含量一般为0.2%～0.5%。甘蓝类蔬菜纤维素含量为0.94%～1.33%，根菜类为0.2%～1.2%。纤维素含量低，果蔬品质就高，但储运性能差。纤维素和半纤维素统称粗纤维。目前，食物纤维已成为功能性食品的一种重要原料。食物纤维包括各种纤维素、半纤维素、木质素和聚糊精及难以消化的糊精、壳聚糖等，其对人体健康所具有的重要生理作用已被大量研究事实和流行病调查结果所证实。

4）果胶物质

果胶物质是构成植物细胞壁和细胞间隙连接的物质，可使细胞和组织保持一定的强度、韧性和形态。果蔬中的果胶物质通常有三种形态，即原果胶、果胶和果胶酸。其中，原果胶是细胞壁中胶层的组织部分，有很强的黏着力，不溶于水，常与纤维素结合，在细胞间起粘连作用，能影响果蔬组织的硬度和密度。未成熟水果保持较硬状态主要是原果胶的作用。随着果蔬的成熟，原果胶水解成为纤维素或半纤维素和果胶，使果肉柔软而多汁。

3. 有机酸

果蔬中所含的有机酸种类很多，不同种类和品种的果蔬，其所含有机酸的种类和含量也是不同的。水果中主要的有机酸是柠檬酸和苹果酸，此外还有酒石酸、琥珀酸等。仁果类和核果类水果中主要的有机酸为苹果酸，柑橘类和浆果类水果中主要的有机酸是柠檬酸，葡萄中主要的有机酸是酒石酸。蔬菜含酸量较低，主要的有机酸有苹果酸、柠檬酸、草酸、醋酸和苯甲酸。胡萝卜、甘蓝中的有机酸主要是苹果酸，番茄中的有机酸主要是柠檬酸，菠菜中的草酸含量较高。

果品酸味的强弱程度取决于总酸含量，即pH值，新鲜水果的pH值一般为3～4，但果汁中的蛋白质和氨基酸等物质具有缓冲作用。果蔬中有机酸的含量与种类直接关系到果蔬的风味、品质，同时对果蔬加工也有直接影响。有机酸是饮料的酸味剂，是决定饮料糖酸比、形成饮料风味的主要因素之一。有机酸还有调整饮料pH值和抑制微生物生长的作用。pH值是制定饮料杀菌公式时确定加热温度和时间的重要依据。有机酸的存在，特别是对于pH值在4.6以下的酸性饮料，可以适当降低饮料加热杀菌的工艺条件，减少饮料营养成分的损失，保证饮料质量。

有机酸及其形成的 pH 值环境往往会对金属产生腐蚀作用，因此在选用金属罐做包装容器时，应注意选择罐头内涂料的种类和涂布量，以保证饮料的正常风味和质量。

4. 单宁物质

单宁别称鞣质，也是果蔬含有的重要成分之一。单宁呈褐色，无晶形，有涩味，其水溶液与蛋白质、生物碱或重金属盐生成不溶性沉淀。单宁为多元酚，易于氧化聚合，其水溶液或醇溶液在三价铁离子作用下呈蓝色，量大时生成蓝色沉淀。

单宁主要存在于水果，如柿子、山楂、苹果、梨、桃、葡萄等木本果实中。有些未成熟水果的单宁含量较高，涩味很重。成熟过程中，单宁含量逐渐减少。但有些水果，如柿子在成熟时仍有较大的涩味，需要进行脱涩处理。蔬菜中的单宁含量较低，其主要成分是黄酮醇糖苷和酚的衍生物。大多数蔬菜不含儿茶酚和花色素。果蔬中的酚类物质往往是决定果蔬颜色的重要因素。

在果汁加工中单宁与水果褐变和涩味有密切关系，对果汁澄清也有一定的作用。

涩味是一种收敛性的味，适量的涩味也是形成果蔬制品独特风味的因素。例如，茶饮料中单宁产生的涩味有近乎苦的味感，但较强的涩味不为人们所接受。单宁在某种程度上有强化酸味的作用，适量的单宁与相应的糖酸相配，能产生清凉感。例如，山楂中的单宁产生了山楂饮料的爽口风味。

某些水果在采收、运输、储存和加工过程中，当果实受到机械伤或剖切时，果肉会很快产生褐变，这主要是由水果中的单宁物质和多酚氧化酶引起的。这类水果有山楂、苹果、梨、桃、杏、樱桃、草莓及香蕉等。为此可选用单宁含量少的果蔬原料品种，同时加工中尽量减少与空气的接触，缩短加工路线或采取脱气、真空操作等，以防止或减少酶的褐变。另外，加热可破坏酶的活力，或使用亚硫酸、抗坏血酸、食盐等抑制酶的褐变作用。单宁遇碱变黑色，在使用碱去皮的果蔬加工中应特别注意。单宁在酸性条件下变红。

单宁能与蛋白质结合生成大分子的聚合物，使蛋白质由亲水性胶体变为疏水性胶体，并且凝聚沉淀。在果汁加工中，常利用单宁的这一性质澄清果汁。例如，在果汁中加入单宁，并加入相应量的明胶等，就可使果汁中的悬浮物发生凝聚，使果汁得以澄清。

5. 含氮物质

果蔬中的含氮物质有蛋白质、氨基酸、酰胺，以及某些铵盐和硝酸盐等。水果中的含氮物质含量一般为 0.2%～1.2%。蔬菜中含氮物质的含量：豆类 1.9%～13.6%，根菜类 0.6%～2.2%，叶菜类 0.6%～2.2%，瓜果类 0.3%～1.5%。

果蔬所含的蛋白质和氨基酸较少，但从味觉上讲，却是形成所谓"浓味"的主要成分。氨基酸除存在于蛋白质分子的构成中以外，还在果汁中以游离状态或以氨基化合物形态存在。

一般果蔬中的蛋白质含量很低，但是对于果蔬加工来说，蛋白质却相当重要。一方面，蛋白质是一种重要的营养物质；另一方面，蛋白质又会使果汁澄清困难，还会引起褐变和沉淀，可将产品加热到 75～78 ℃、保持 1～3 min，使蛋白质热凝固后去除，也可以用单宁与蛋白质凝固而去除。

氨基酸在果蔬加工中也很重要，果蔬中的含氮物质氨基酸是重要的呈味成分，如番茄汁中的鲜味就与其含有谷氨酸有密切关系。蛋白质水解生成的某些氨基酸会增加果蔬的风味和鲜味。

6. 色素

果蔬中的色素来自原果蔬的细胞液或果蔬肉、果蔬皮中。果蔬中的色素可分为水溶性色素和水不溶性色素两类，水溶性色素主要有黄酮素和花色素，水不溶性色素主要有类胡萝卜素和叶绿素。

黄酮色素（花黄素）是水溶性色素，是黄色的重要色群之一。花色素类（花青素）色素是广泛分布于植物界的红色至紫色调的色素，特别是在水果和蔬菜中含量较高，不仅存在于花中，还存在于植物的根（如红萝卜）、叶（紫苏、红叶）、果皮（葡萄、茄子）、果汁（葡萄）和种皮（黑豆）等部位中，是构成果蔬色泽的重要成分。由于花色素易氧化、还原，分解时生成不溶性的褐色物质，因此在加工过程中应注意护色。花色素属于水溶性色素，在加工过程中，为保存花色素，在对其洗涤等操作中应避免以大量的水流冲洗，尽可能采用小批淘洗的方法，以防止色素流失过多。类胡萝卜素属脂溶性色素，包括叶红素、番茄红素和叶黄素等色素，其颜色从黄色、橙色到红色，如番茄汁、西瓜汁、柑橘汁、胡萝卜汁等许多果蔬饮料的色泽都是由这类色素赋予的。

叶绿素是卟啉化合物的衍生体。卟啉核的中央与镁（Mg）结合成叶绿素，与铁（Fe）结合成血色素，与钴结合成维生素 B_{12}，又称氰钴胺素。叶绿素为叶绿素 a 和叶绿素 b 的混合物，可以用溶剂和色谱分离。叶绿素 a 为蓝绿色，叶绿素 b 为黄绿色，在高等植物中其组成比例为 3∶1，叶绿素 a、叶绿素 b 均为非晶形，不溶于水。

许多绿色植物中存在叶绿素酶，叶绿素在叶绿素酶的作用下脱去叶醇基，生成脱叶醇基叶绿素，在碱（氢氧化钠）中发生水解，生成叶绿酸，其绿色比较稳定。

在果蔬加工中，叶绿素会变成褐色，主要原因是失去镁后生成脱镁叶绿素，如菠菜炊煮时呈绿褐色；黄瓜盐渍时呈黄褐色；绿色蔬菜堆积存放，其内部温度升高时呈黄褐色。

在适当条件下，叶绿素分子中的镁离子可以被其他金属离子所取代，当被铜离子取代时，可以生成铜叶绿素，对光和热比较稳定，常制成铜叶绿酸钠的形式，可作为比较安全的食用色素。

7. 维生素

果蔬中含有多种维生素，但维生素的分布及含量因种类、品种、成熟度、部位和栽培条件的不同而不同。果蔬富含抗坏血酸即维生素 C，此外，还含有胡萝卜素、维生素 B_1、维生素 B_2、维生素 B_6、维生素 B_{12}、维生素 PP 等。维生素 C 含量高的水果有猕猴桃、沙棘、野刺梨、柚及枣，每 100 g 这类水果中维生素 C 含量均超过 100 mg。

果蔬中的维生素不仅具有较高的营养价值，同时与加工工艺、产品的储藏方法和产品质量关系极大，应予以重视。

在果蔬制品加工过程中，维生素也容易受到破坏，其中维生素 C 最为敏感，损失最严重。果蔬在加工过程中的清洗、去皮、破碎、热烫、打浆、加热、搅拌、均质等操作都会造成维生素C的破坏。维生素C总损失率高达75%～90%。因此，如何选用合理和先进的生产工艺尽可能减少维生素C的损失是很重要的。可以说，维生素C在加工中的保存率标志着加工工艺的先进程度。

8. 芳香物质

芳香物质是使果蔬具有各种不同香味和特殊气味的成分。果蔬中的芳香物质大致可以分为两类。一类是油状的挥发物质，称为挥发油。果蔬中的挥发油含量因种类不同而有较大差异，但一般含量极少，故又称为精油。例如，橘皮中精油含量为0.75%～0.85%，柠檬皮中精油含量为0.3%。蔬菜中精油含量更少，芹菜叶中精油含量为0.1%左右，芹菜籽中精油含量为1.9%～2.5%，洋葱鳞茎中精油含量为0.04%～0.06%。果蔬中另一类芳香物质是水溶性的香气成分，主要是碳氢化合物，包括醇、酯、醛、酮及挥发性的酸类等，含量低于1%。水果中的香气成分多于蔬菜，而且香气强度高。水果的香气成分与其成熟度有关，随着果实的成熟，香气成分逐渐生成。在储藏过程中，一般水果的香气会逐渐消失，但对某些水果来说，在储藏中有些香气成分会减少，另一些香气成分却会增加。例如，苹果在追熟储藏中，己醛、己醇等香气成分减少，而乙酸乙酯等酯类成分增加。

果蔬中的芳香成分是非常复杂的。在果蔬加工过程中，特别是加热等过程不仅会使果蔬本身的芳香成分损失或发生变化，同时由于糖、氨基酸等的非酶反应而生成的其他化合物，使果蔬产生综合气味，其中较为典型的是煮熟味，因此在果蔬加工中应注意芳香物质的变化。

9. 矿物质

果蔬中含有各种矿物质，包括钠、钾、钙、镁、铁、铜、磷等，此外还含有微量元素。矿物质通常以柠檬酸、苹果酸、酒石酸和乳酸的盐类形式存在于果蔬中。果蔬原料中的矿物质含量按果蔬燃烧后所得的灰分含量测定，一般每100 g果蔬中的矿物质灰分为300～600 mg。矿物质除了是人体结构的主要成分外，还是调节生理机能的重要成分（果蔬食品及果蔬饮料属于碱性食品），矿物质中最具营养意义的是钙。果蔬中的矿物质含量会由于成熟度的不同而有较大差异，蔬菜中的矿物质含量高于水果。草莓类水果中的铁含量较高，而且果皮中的含量高于果肉。

在果蔬饮料加工中，汁液中的矿物质有时会使果蔬饮料的品质发生变化。例如，果汁中的铁、铜等金属往往会引起果汁氧化变质，发生混浊现象和产生褐变反应。另外，维生素C的损失也与这些金属元素有关。

果蔬饮料中的金属会与各种物质形成络合物，这些物质包括有机酸、糖类、多酚化合物（酚与酚酸、类黄酮化合物、花色苷类、无色花色苷等）、氨基酸、肽、蛋白质、抗坏血酸等，这些物质也会影响果汁的褐变反应。柠檬酸、苹果酸、酒石酸都会引起或增强褐变反应。抗坏血酸与花青苷共存也会引起褐变。所有这些褐变反应均与果汁中的金属类物质有关。抗坏血酸的损失也与金属元素有关。

10. 酶

酶对果蔬的成熟生理起重要作用，同时也会对果蔬饮料制造和产品保藏中的品质产生各种影响。因此在果蔬加工过程中，根据需要有时要利用某些酶的作用，有时则要破坏酶的活力。

1）果胶分解酶

果胶分解酶可保持混浊状态，不生成凝胶沉淀。果胶分解酶与果蔬饮料混浊的关系极大。果胶分解酶可分为果胶酯酶和多半乳糖醛酸酶，其中果胶酯酶的活性和作用对混浊性的影响较大。灭酶时对 PE 需要进行 98 ℃以上的热处理。多半乳糖醛酸酶分布在甜橙、柠檬的不同部位，其中以表皮中活性最强。未熟的桃子、洋梨、番茄等果蔬没有多半乳糖醛酸酶活性，在追熟过程中，多半乳糖醛酸酶的活性增强。

2）多酚氧化酶

有些水果的果肉或果汁在空气中放置时会产生褐变，使其色调、风味和营养价值发生变化，以致影响产品的品质。这种褐变包括非酶褐变和酶促褐变。酶促褐变的基质是多酚类物质。由于多酚氧化酶的作用，多酚类物质向苯酚氧化，往往聚合或共聚成类黑精，形成色素。

为了防止褐变，需要控制发生褐变的条件。通常可以采取破坏或抑制水果中氧化酶活性的方法，如浸渍或喷雾食盐溶液或抗坏血酸溶液等方法。食盐水使基质与氧隔离，有抑制酶的作用。抗坏血酸可作为酶的抑制剂，也可以说是抗氧化剂。由于多酚氧化酶耐热性差，因此采用热处理，如热烫、巴氏消毒灭酶等方法使多酚氧化酶失活，最终可避免褐变。褐变反应必须有氧参与，因此加工时应尽量减少果蔬与氧接触的机会，在水果破碎后尽快浸提或榨汁，最好采用封闭式加工系统。另外，选用单宁含量低的果蔬原料也可以减少褐变。

三、果蔬绿色加工原料的要求及预处理

（一）果蔬绿色加工原料的要求

1. 原料种类、品种与加工制品品质的关系

果蔬的种类、品种繁多，虽然都可以进行加工，但种类、品种间的理化特性各异，因而适宜制作加工品的种类也就不同。

何种原料适宜制作何种加工品是根据其特性而定的。例如，制糖水桃罐头，最好的品种是黄桃，其次是白桃；苹果类中的富士、翠玉、红玉、国光、金冠等肉质细嫩而白，不易变色，果心小，空隙少，香气浓厚，酸甜适口，耐用煮性好，适宜制作罐头。香蕉组织松软、易发绵，只适宜制作果干、果脯等；枣类肉质疏松，含水量低，柿肉质软，具胶黏性，只适宜制作果干；葡萄、桑葚等适宜制作果酒、果汁。

2. 原料的成熟度与加工的关系

果蔬采收成熟度是原料品种与加工适宜性的指标之一，不同的加工品对原料采收成

熟度的要求不同。例如，做蜜饯的红橘，达到大概七成熟即可；做罐头的红橘，要求八九成熟；做果酒的红橘，要求九成熟以上。

果品采收成熟度一般可分为三个阶段，即可采成熟度、加工成熟度和生理成熟度。

（1）可采成熟度，是指果实已充分膨大长成，生长基本停止，绿色消退，但色泽风味都较差，此时采收的果实可作蜜饯类，或经储运，后熟可达到正常要求。例如，香蕉、巴梨等采后必须经过后熟才能用于加工。

（2）加工成熟度，是指果实已具备该品种应有的加工特性，又分为适当成熟与充分成熟。此时采收的果实可用于制作罐头、速冻制品、干制品及果汁等。

（3）生理成熟度（过熟成熟度），是指果实变软或老化，只可制作果汁、果酒（因不需保持一定形态），一般不适宜制作其他加工品。

3. 原料的新鲜度与加工的关系

加工原料越新鲜完整，成品的品质就越好，损耗率也就越低。有些原料，例如，葡萄、草莓、桑葚等果肉柔软，不耐重压，容易自行流汁，感染杂菌。若在采收、运输过程中造成部分机械损伤，若及时加工，仍能保证成品的品质，否则这些原料易腐烂，会失去加工价值。

因此，从果蔬采收到加工，应尽可能保持新鲜完整，果蔬运输到加工厂后，应尽快进行处理，如来不及加工，应在适宜的条件下储存，以保证新鲜完整，减少腐烂损失。

（二）果蔬绿色加工原料的预处理

各类加工品的后续工艺不同，但在未进行后续工艺前各类加工产品都有一段共同的工艺，称为原料的预处理，它包括原料的选别、分级、洗涤、去皮、切分破碎取汁和护色。

原料的预处理主要是为了提高产品的品质，降低损耗，提高原料的物理、化学性状。

1. 原料的选别

原料选别的目的在于剔除不合适的和腐烂霉变的原料，剔除受病虫害的、畸形的、品种不划一的、成熟度不一致的、破裂或机械损伤不合要求的原料。选别的具体标准根据各类加工品对原料的要求而定。

2. 原料的分级

按果形大小分为不同的等级，以便适合机械化操作，得到形态整齐的产品，主要利用分级筛、分级盘等进行分级。只有无须保持果品形态的制品，如果酒、果汁及果酱等才不需要进行原料大小分级。

3. 洗涤

果蔬原料在分级后进行洗涤。洗涤的目的是减少泥沙和微生物，去除残留农药。洗涤用水：除制蜜饯、果脯可用硬水外，其他加工原料须用软水洗涤。水温一般是常温，有时为了增加洗涤效果可以用热水，但热水不适用于柔软多汁、成熟度高的果品。果皮上残留有毒药剂的原料，还需要用化学药品洗涤。一般常用的化学试剂为 0.5%～1.5% 盐酸、0.03%～0.05% $KMnO_4$ 溶液或 600×10^{-6} 漂白粉液等。洗涤方法：将原料和药液按 1：（1.5～2）的比例浸泡 5～10 min，再用清水洗去化学试剂。洗涤用水应是流动水，循环水大大增加原料的带菌量，不如流动水好。原料较软的可用振荡式洗涤或毛刷式洗涤方法。

4. 去皮

很多果蔬原料的外皮、果心一般都较粗糙或有绒毛，具有不良风味，应当去掉，以提高制品的品质。例如，苹果、桃、李、杏等果皮中多富含纤维素、果胶及角质；柑橘类果实外皮中富含香精油、果胶、纤维及苦味的糖苷，这些原料除用于制汁、制酒外都必须去皮。去皮时，只要求去掉不合要求的部分，注意适度；过度地去皮去心，只能增加原料的损耗，并不能提高成品的品质。去皮的方法可用以下五种。

1）机械去皮

用手工借助小型刀具去皮，要求用不锈钢刀具。这种去皮方法简单、细致、彻底，但效率低。

用小型机械去皮，如苹果、梨的旋皮机，菠萝的去皮通心机等，用于体积大、外形整齐、肉质坚实的果实。这种去皮方法效率高，但去皮不完全，还需加以修整，去皮损失率也较高。凡与果肉接触的刀具、机器部件，必须用不锈钢或合金制成，因为铁质会引起果肉迅速变色，而且铁易被酸腐蚀而增加成品的金属指标。

2）化学去皮

化学去皮，通常用氢氧化钠或氢氧化钾或两者的混合液去皮，如桃、李去皮，橘子去囊衣等。

化学去皮的原理是利用果蔬各组织抗腐蚀性的不一致来去皮。果皮中的角质、半纤维素易被碱腐蚀而变薄及至溶解，果胶被碱水解而失去胶凝性，果肉组织为薄壁细胞，比较抗碱。因此，用碱液处理后的果实，果皮去掉而保留果肉。

利用碱液去皮时应注意的事项：进行碱液去皮时碱液的浓度、温度及处理时间随果蔬种类、品种及成熟度不同而异，必须很好地掌握，要求能去掉果皮又不伤果肉。

碱液的温度增高、浓度增大及处理时间增长都会增加皮层松离及腐蚀的程度，适当增加任何一个因子的程度，都能加强去皮的作用效果，相反，则降低作用效果。碱液去皮应掌握上述三个因子的关联作用，原则是使原料表面不留有痕迹，皮层下肉质不腐蚀，用水冲洗略加搅拌或搓擦，即可脱皮为度。

3）热力去皮

热力去皮，即在高温短时间的作用下，果蔬表面迅速变热，表皮膨胀破裂，果皮与果肉之间的原果胶发生水解，失去胶凝性，果皮便容易被除去。例如，桃、杏、枇杷、番茄等薄皮果实的去皮。

4）酶法去皮

酶法去皮主要用于橘瓣的脱囊衣，在果胶酶的作用下，能使果胶水解，囊衣脱去。例如，用 1.5%的果胶酶溶液，温度为 35～40 ℃，pH 值为 1.5～2.0，处理橘瓣 3～8 min

可达半脱囊衣的效果。用酶法脱囊衣的橘瓣风味好,色泽美观。

5) 冷冻去皮

将果蔬与冷冻装置的冷冻表面接触片刻,使其外皮冻结于冷冻装置上,当果蔬离开时,外皮即被剥离,冷冻装置的温度设置为-28~-23 ℃。这种方法可用于桃、李、番茄等的去皮。

5. 原料的切分、破碎与取汁

体积较大的果蔬,用作干制,装罐,制蜜饯、果脯等时,需要适当地切分,保持一定的形态;用作制果饴、果酱的原料需要破碎,以便煮制;制果汁、果酒的原料经破碎后便于取汁。常用的设备有劈桃机、菠萝切片机、打浆机、螺旋式榨汁机等。

6. 护色

苹果、梨等经去皮或切分、破碎、榨汁后,放置在空气中,很快就会变色,其原因是苹果、梨等果蔬中含的鞣质——单宁,被氧化而变成暗褐色的物质,因而,在切分、破碎后常常进行护色处理。在果蔬加工中,常常采用热烫的方法加以处理,热烫也叫预煮,就是将果蔬原料用热水或蒸汽进行短时间加热处理。其目的主要有以下六个。

(1)破坏原料组织中所含酶的活性,稳定色泽,改善风味和组织。因经去皮、切分后的果蔬与空气的接触面增加,氧化酶极为活跃,原料容易变色,维生素 C 容易损失。

(2)软化组织,便于以后的加工和装卸。

(3)排除部分水分,以保证开罐时固形物含量。

(4)排除原料组织内部的部分空气以减少氧化作用,减轻金属罐内壁的腐蚀作用。

(5)杀灭部分附着于原料的微生物,减少半成品的带菌数,提高罐头的杀菌效果。

(6)改进原料的品质。某些原料带有特殊气味,经过热烫后可除掉这些不良气味,从而改进原料的品质。

原料热烫的方法有热水处理和蒸汽处理两种。热水处理简单方便,但缺点是原料的可溶性物质流失量大;蒸汽处理必须要有专门的设备,原料的可溶性物质的流失量较热水处理要小。热烫的温度和时间视果蔬的种类、块形大小及工艺要求等而定。热烫的终点通常以果蔬的过氧化物酶完全失活为准。

任务实施

实训任务一 柿子脱涩处理

一、实训目的

通过实训任务掌握柿子脱涩处理的方法。

二、实训要求

(1)查阅资料,寻找柿子脱涩的不同方法,找出各自的优缺点。

（2）写出不低于 1000 字的实训报告，总结经验。

三、原辅材料、试剂和仪器

原辅材料：涩柿、水等。

试剂：石灰。

仪器：聚乙烯薄膜袋（0.08 mm 厚）、果箱、温度计。

四、操作步骤

（一）工艺流程

温水脱涩→石灰水浸果脱涩→自发降氧脱涩→混果催熟对照。

（二）操作要点

1. 温水脱涩

取若干个柿子，放于小盆中，加入 45 ℃温水，将柿子淹没，上压重物使其无法露出水面，置于温箱内，将温度调至 40 ℃，经 16 h 取出，用小刀削下柿子果顶，品尝有无涩味，如涩味未脱可继续处理。

2. 石灰水浸果脱涩

用 3%的石灰水，搅匀后稍加澄清，吸取上部清液，将柿子淹没其中，经 4～7 d 取出，观察柿子脱涩程度及脆度。

3. 自发降氧脱涩

将柿子放于 0.08 mm 厚的聚乙烯薄膜袋内，封口，将袋放于 22～25 ℃环境中，经 5 d 后，解袋观察柿子脱涩程度、腐烂程度及脆度。

4. 混果催熟

取若干柿子，与梨或苹果混装于干燥器中，置于温箱内，使温度维持在 20 ℃左右 4～7 d，取出观察柿子脱涩程度及脆度。

5. 对照

将柿子置于 20 ℃条件下，观察柿子涩味和质地的变化。

实训任务二　香蕉催熟处理

一、实训目的

通过实训项目掌握香蕉催熟的方法。

二、实训要求

（1）查阅资料，寻找香蕉的不同催熟方法，找出各自的优缺点。

（2）写出不低于 1000 字的实训报告，总结经验。

三、原辅材料、试剂和仪器

原辅材料：未出现呼吸跃变的香蕉、水等。

试剂：乙烯利。

仪器：聚乙烯薄膜袋（0.08 mm 厚）、果箱、温度计。

四、操作步骤

（一）工艺流程

乙烯利催熟→对照。

(二)操作要点

1. 乙烯利催熟

将乙烯利配制成 1000~2000 mg/kg 的水溶液,取一定量的香蕉,将香蕉浸于乙烯利溶液中,随即取出,自行晾干,装入聚乙烯薄膜袋后置于果箱中,将果箱封盖,置于温度为 20 ℃的环境中,观察香蕉脱涩及色泽变化。

2. 对照

用同样成熟度的香蕉,不加处理,置于相同温度环境中,观察其脱涩及色泽变化。

任务二 果蔬绿色冷冻干制

任务目标	任务描述	本任务要求通过对食品冻干原理的学习,掌握南亚热带果蔬的冻干技术。通过实训任务掌握冻干食品与热风干制食品的不同
	任务要求	了解食品冻干的技术和特点及南亚热带果蔬冻干的制作难点

任务准备

水的三相点是水的固、液、气三相平衡共存时的温度为 273.16 K,相应的外界压强约为 610 Pa,此时如果将外界压力减小,冰冻固态下的水就会直接升华,由固态转变为气态,从而达到被干制的目的。

食品真空冷冻干制的操作中,利用真空冷冻干制机,先冷冻食品,使食品中的水变成冰,再将食品放入冷冻干制机中抽真空,为了加快干制速度要适当低温加热(一般低于 50 ℃),使冰直接从固态变成水蒸气(升华)而脱水,故真空冷冻干制又称为升华干制。

一、冷冻干制的一般要求

(一)冻结方法

自冻法:利用物料表面水分蒸发时会从它本身吸收汽化潜热,促使物料温度下降,直至达到冻结点时物料水分自行冻结,如能将真空干制室迅速抽成高真空状态即压力迅速下降,物料水分就会因瞬间大量蒸发而迅速降温冻结。

这种方法因为有液—气的过程会使食品的形状变形或发泡、沸腾等,只适合一些有一定体形的食品,如芋头、碎肉块、鸡蛋等。

预冻法:用一般的冻结方法如高速冷空气循环法、低温盐水浸渍法、液氮或氟利昂等制冷剂使物料预先冻结,一般食品在 −4 ℃以下开始形成冰晶体,此法较为适宜。

(二)冷冻干制特点

冷冻干制具有以下六个特点。

(1) 能最大限度地保存食品的色香味,如蔬菜的天然色素基本保持不变,各种芳香物质的损失可降至最低限度。

(2) 因低温操作,特别适合热敏性高和极易氧化的食品干制,能保存食品中的各种营养成分。

(3) 冻干食品具有多种结构,因此具有理想的速溶性和快速复水性。复水后的冻干食品比其他干制方法生产的食品更接近新鲜食品。

(4) 能较好地保持原物料的外观形状。

(5) 低温脱水可抑制了氧化过程和微生物的生命活动。升华过程中避免了果蔬内部成分的迁移。

(6) 保存期长,食用方便。

二、干制品的包装与储藏

食品经干制脱水处理后,其本身的一些物理特性发生了很大改变,如密度、体积、吸湿性等。为了保持干制品的特性及便于储藏运输,通常对干制品进行以下三项操作:干制品预处理、干制品包装、干制品的储藏。

(一)干制品预处理

1. 筛选分级

剔除块片和颗粒大小不合标准的产品或其他碎屑杂质等物质,有时在输送带上进行人工筛选。

2. 均湿处理

有时晒干或烘干的干制品,特别是水果干制品,由于翻动不及时或厚薄不均会造成制品中含水量不均匀(内部也不均匀),这时需要将它们放在密闭室内或容器内短暂储藏,使水分在干制品内部重新扩散和分布,从而达到均匀一致的要求,这称为均湿处理,还常称为回软或发汗。

3. 灭虫处理

干制品,尤其是果蔬干制品常有虫卵混杂其中,虫卵在适宜的条件下会生长,给干制品造成损失。故常用甲基溴作为有效的烟熏剂,使害虫中毒死亡。

4. 速化复水处理

为了加快干制品的复水速度,常采用以下方法。

(1) 压片法。将颗粒状果干置于相距为一定间隙(0.025~1.5 mm)的转辊上,进行轧制压扁,薄果片复水比颗粒状果干迅速得多。

(2) 刺孔法。对含水量16%~30%的半干制品进行刺孔,然后再干制到含水量为5%,不仅可加快干制速度,还可使干制品复水加快。

(3) 刺孔压片法。在转辊上装有刺孔针，同时压片和刺孔，复水速度可达最快。

5. 压块（片）

将干制品压缩成密度较高的块状或片状，如紫菜，可减小体积，但只对有韧性的果蔬产品才适用。

（二）干制品包装

1. 干制品包装的基本要求

(1) 能防止干制品吸湿回潮，以免结块和长霉。包装材料在相对湿度90%的环境中，每年水分增加量不超过2%。
(2) 能防止外界空气、灰尘、虫、鼠和微生物及气味等入侵。
(3) 能不透外界光线。
(4) 在储藏、搬运和销售过程中具有耐久牢固的特点，能维护容器原有特性，包装容器在30～100 cm高处落下120～200次不会破损，在高温、高湿或浸水和雨淋的情况下也不会破烂。
(5) 包装的大小、形状和外观应有利于商品的销售。
(6) 与食品相接触的包装材料应符合食品卫生要求，并且不会导致食品变性、变质。
(7) 包装费用应做到低廉或合理。

2. 干制品的包装容器

主要的包装容器有纸箱、纸盒、塑料袋、金属罐、玻璃瓶。

（三）干制品的储藏

良好的储藏环境是保证干制品耐藏性的重要因素。干制品储藏要求有避光、相对湿度小于65%和低温等。

任务实施

实训任务三　香蕉片的真空冷冻干制

一、实训目的

通过实训任务了解真空冷冻干制的基本知识及设备的操作过程，并将香蕉切片制成冻干片。

二、实训要求

(1) 详细做好试验记录。
(2) 注意观察试验现象。

（3）分析影响成品质量的因素。

三、原辅材料和仪器

原辅材料：市售成熟的香蕉、包装袋等。

仪器：速冻设备（-38 ℃以下）、真空冷冻干制机、真空包装机、台秤与天平等。

四、操作步骤

（一）工艺流程

前处理→速冻→真空脱水干燥→后处理。

（二）操作要点

1. 前处理

将新鲜成熟的香蕉切成 4~5 mm 的厚片，称重后放在托盘中（单层铺放）。

2. 速冻

将装好的香蕉片速冻，温度在-35 ℃左右，时间约 2.0 h。冻结终了温度约在-30 ℃，使物料的中心温度在共晶点（溶质和水都冻结的状态称为共晶体，冻结温度称为共晶点）以下。

3. 真空脱水干制

真空脱水干制包括升华干制和解析干制两个阶段。

（1）升华干制。冻结后的食品须迅速进行真空升华干制。食品在真空条件下吸热，冰晶就会升华成水蒸气而从食品表面逸出。升华过程是从食品表面开始逐渐向内推移的，在升华过程中，由于热量不断被升华热带走，要及时供给升华热能，来维持升华温度不变。当食品内部的冰晶全部升华完毕，升华过程便完成了。首先，将冷阱预冷至-35 ℃，打开干制仓门，装入预冻好的香蕉片并关上仓门，启动真空机组进行抽真空，当真空度达到 30~60 Pa 时，进行加热，这时冻结好的物料开始升华干制。注意加热不能太快或过量，否则香蕉片温度过高，超过共熔点，冰晶熔化，会影响质量。所以，料温应控制在-20~25 ℃，时间为 3~5 h。

（2）解析干制。升华干制后，香蕉片中仍含有少部分的结合水，较牢固，所以必须提高温度，才能达到产品所要求的水分含量。料温由-20 ℃升到 45 ℃左右，当料温与板层温度趋于一致时，干制过程即可结束。

真空干制时间为 8~9 h。此时水分含量减至 3%左右，停止加热，破坏抽真空，出仓。如此干制的香蕉片能在 80~90 s 内用水或牛奶等复原，复原后仍具有类似新鲜香蕉的质地、风味等。

4. 后处理

当仓内真空度恢复接近大气压时打开仓门，开始出仓，对已干制的香蕉片立即进行检查、称重、包装等。

冻干食品的包装是很关键的。由于冷冻食品多数坚硬，包装时容易有间隙。冻干食品组织呈多孔状，因此与氧气接触的机会增加，为防止其吸收大气水分和氧气可采用真空包装或充氮包装。为保持干制食品的含水量在 5%以下，包装内应放入干制剂以吸附微量水分。包装材料应选择密闭性好、强度高、颜色深的材料。

五、成品质量要求

外观形状饱满（不塌陷）；断面呈多孔海绵样疏松状；保持原有的色泽；具有浓郁的芳香气味；复水较快，复水后芳香气味更浓。

任务三　果蔬绿色糖制

任务目标	任务描述	本任务要求通过对果脯蜜饯加工工艺及工艺要点的学习，了解果脯蜜饯及相关知识；通过实训任务"多味番茄脯的制作""芒果脯的制作"对果脯蜜饯有更深的了解
	任务要求	掌握果脯蜜饯的制作工艺

任务准备

一、果脯蜜饯加工工艺

（一）原料选择

糖制品的质量主要取决于外观、风味、质地及营养成分等几个因素。选择优质原料是制成优质产品的关键环节之一。原料质量优劣主要在于品种、成熟度和新鲜度等几个方面。蜜饯类因需保持果实或果块形态，则要求选取原料肉质紧密、耐煮性强的品种，在绿熟-坚熟时采收为宜。另外，还应考虑果蔬的形态、色泽、糖酸含量等因素，用来糖制的果蔬要求具有形态美观、色泽一致、糖酸含量高等特点。不符合要求的原料，只能得到产量低、质量差的产品。例如，生产青梅类制品的原料，宜选鲜绿质脆、果形完整、果核小的品种，于绿熟时采收；生产蜜枣类的原料，要求果大核小，含糖较高，耐煮性强，于白熟期采收加工为宜；生产杏脯的原料，要求用色泽鲜艳、风味浓郁、离核、耐煮性强的品种；生产红参脯的胡萝卜原料，要求采用果心呈黄色，果肉呈红色，含纤维素较少的品种。

（二）原料前处理

果蔬糖制的原料前处理包括分级、清洗、去皮、去核、切分、切缝、刺孔等工序，还应根据原料特性差异、加工制品的不同进行腌渍、硬化、硫处理、染色等。

1. 去皮、切分、切缝、刺孔

对果皮较厚或含粗纤维较多的糖制原料应去皮，常用机械去皮或化学去皮等方法。大型果蔬原料宜适当切分成块、条、丝、片等形状，以便缩短糖制时间。小型果蔬原料，如枣、李、梅等一般不去皮和切分，常在果面切缝、刺孔，加速糖液的渗透。

2. 盐腌

南方凉果制品的原料大多使用食盐或加入少量明矾或石灰腌制的盐坯（果坯），常作为半成品保存来延长加工期限。

盐坯腌渍包括盐腌、暴晒、回软和复晒四个过程。盐腌有干腌和盐水腌渍两种。干腌法适用于果汁较多或成熟度较高的原料，用盐量依种类和储存期长短而异，一般为原料重的14%~18%。腌渍时，分批拌盐，拌匀，分层入池，铺平压紧，下层用盐较少，由下而上逐层加多，表面用盐覆盖隔绝空气，便能久存不坏。盐水腌渍法适用于果汁少、未熟果或酸涩苦味浓的原料，将原料直接浸泡在一定浓度的腌渍液中腌渍。盐腌结束后，可作水坯保存，或经晒制成干坯长期保藏，腌渍程度以果实呈半透明为度。

果蔬盐腌后，延长了加工期限，同时对改善某些果蔬的加工品质，减轻苦、涩、酸等不良风味有一定的作用。但是，盐腌在脱去大量水分的同时，会造成果蔬可溶性物质的大量流失，降低了果蔬营养价值。

3. 保脆和硬化

为提高原料耐煮性和酥脆性，可在糖制前对某些原料进行硬化处理，即将原料浸泡于石灰（氧化钙）或氯化钙等稀溶液中，使钙离子、镁离子与原料中的果胶物质生成不溶性盐类，细胞相互黏结在一起，提高硬度和耐煮性。用0.1%的氯化钙与0.2%~0.3%的亚硫酸氢钠（$NaHSO_3$）混合液浸泡30~60 min，可起护色兼硬化的双重作用。

硬化剂的选择、用量及处理时间必须适当，过量会生成过多钙盐或导致部分纤维素钙化，使产品质地粗糙，品质劣化。经硬化处理后的原料，需经漂洗除去残余的硬化剂。

4. 硫处理

为了使糖制品色泽明亮，常在糖煮之前进行硫处理，既可防止制品氧化变色，又能促进原料对糖液的渗透。硫处理方法有两种：一种是在密闭的容器或房间内点燃硫黄进行熏蒸处理，硫黄用量为原料重量的0.1%~0.2%；另一种是用预先配好的亚硫酸盐溶液（有效二氧化硫浓度为0.1%~0.15%），将处理好的原料投入亚硫酸盐溶液中浸泡数分钟即可。

经硫处理的原料，在糖煮前应充分漂洗，以除去剩余的亚硫酸溶液。用马口铁罐包装的制品，脱硫必须充分，这是因为过量的二氧化硫会腐蚀铁皮产生氢胀。

5. 染色

某些作为配色用的蜜饯制品，要求具有鲜明的色泽。樱桃、草莓等原料，在加工过程中常失去原有的色泽，因此，常需人工染色，以增加制品的感官品质。常用的染色剂有人工色素和天然色素两大类，天然色素如姜黄、胡萝卜素、叶绿素等，是安全、无毒的色素，但染色效果和稳定性较差。染色方法是将原料浸于色素液中着色，或将色素溶于稀糖液中，在糖煮的同时完成染色。

6. 漂洗和预煮

凡经亚硫酸盐保藏、盐腌、染色及硬化处理的原料，在糖制前均需漂洗或预煮，除去残留的二氧化硫、食盐、染色剂、石灰，避免对制品外观和风味产生不良影响。

另外，预煮可以软化果实组织，有利于糖在煮制时渗入。对一些酸涩、具有苦味的原料，预煮可起到脱苦、脱涩作用。预煮可以钝化果蔬组织中的酶，防止氧化变色。

（三）糖制

糖制是蜜饯类加工的主要工艺。糖制过程是果蔬原料排水吸糖的过程，糖液中糖分依赖扩散作用进入组织细胞间隙，再通过渗透作用进入细胞内，最终达到要求的含糖量。

糖制方法有蜜制（冷制）和煮制（热制）两种。蜜制适用于皮薄多汁、质地柔软的原料；煮制适用于质地紧密、耐煮性强的原料。

1. 蜜制

蜜制是指用糖液进行糖渍，使制品达到要求的糖度。此方法适用于含水量高、不耐煮制的原料，如糖青梅、糖杨梅、樱桃蜜饯、无花果蜜饯及多数凉果都是采用蜜制法制成的。此法的基本特点在于分次加糖，不用加热，能很好保存产品的色泽、风味、营养价值和应有的形态。

在未加热的蜜制过程中，原料组织保持一定的膨压，当与糖液接触时，由于细胞内外渗透压存在差异而发生内外渗透现象，使组织中水分向外扩散排出，糖分向内扩散渗入。但糖浓度过高时，蜜制会失水过快、过多，使其组织膨压下降而收缩，影响制品饱满度和产量。为了加速扩散并保持一定的饱满形态，可采用下列蜜制方法。

（1）分次加糖法。在蜜制过程中，首先将原料投入40%的糖液中，剩余的糖分2~3次加入，每次提高糖浓度10%~15%，直到糖制品浓度达60%以上时出锅。

（2）一次加糖多次浓缩法。在蜜制过程中，每次糖渍后，将糖液加热浓缩提高糖浓度，然后，再将原料加入热糖液中继续糖渍。具体方法：首先将原料投放到约30%的糖液中浸渍，随后，滤出糖液，将其浓缩至浓度45%左右，再将原料投入热糖液中糖渍。反复3~9次，最终糖制品浓度可达60%以上。由于果蔬组织内外温差较大，加速糖分的扩散渗透，缩短了糖制时间。

（3）减压蜜制法。果蔬在真空锅内抽空，使果蔬内部蒸汽压降低，破坏锅内的真空，外压大可以促进糖分快速渗入果内。具体方法：将原料浸入含30%糖液的真空锅中，抽真空40~60 min后，消压，浸渍8 h；然后将原料取出，放入含45%糖液的真空锅中，抽真空40~60 min后，消压，浸渍8 h，再在60%的糖液中抽真空、浸渍至终点。

2. 煮制

煮制分常压煮制和减压煮制两种。常压煮制又分一次煮制、多次煮制和快速煮制三种。减压煮制又分减压煮制和扩散煮制两种。

（1）一次煮制法。经预处理好的原料在加糖后一次性煮制成功，如苹果脯、蜜枣等。

具体方法：先配好40%的糖液入锅，倒入处理好的果实。加热使糖液沸腾，果实内水分外渗，糖进入果肉组织，糖液浓度渐稀，然后分次加糖使糖浓度缓慢增高至60%～65%停火。分次加糖的目的是保持果实内外糖液浓度差异不致过大，以使糖逐渐均匀地渗透到果肉中去，这样煮成的果脯才显得透明饱满。此法快速省工，但持续加热时间长，原料易煮烂，色、香、味差，维生素破坏严重，糖分难以达到内外平衡，致使原料失水过多而出现干缩现象。因此，煮制时应注意渗糖平衡，使糖逐渐均匀地进入果实内部，初次糖制时，糖浓度不宜过高。

（2）多次煮制法。多次煮制法是将处理过的原料经过多次糖煮和浸渍，逐步提高糖浓度的煮制方法。一般煮制的时间短，浸渍时间长，适用于细胞壁较厚、难于渗糖、易煮烂的或含水量高的原料，如桃、杏、梨和番茄等。具体方法：将处理过的原料投入30%～40%的沸糖液中，热烫2～5 min，然后连同糖液倒入缸中浸渍十余小时，使糖液缓慢渗入果肉内。当果肉组织内外糖液浓度接近平衡时，再将糖液浓度提高到50%～60%，热煮几分钟或几十分钟后，对制品连同糖液进行第二次浸渍，使果实内部的糖液浓度进一步提高。将第二次浸渍的果实捞出，沥去糖液，放在竹屉上（果实凹面向上）进行烘烤，除去部分水分，至果面呈现小皱纹时，即可进行第三次煮制。将糖液浓度提高到65%左右，热煮20～30 min，直至果实透明，含糖量已增至接近成品的标准，捞出果实，沥去糖液，经人工烘干整形后，即为成品。多次煮制法所需时间长，煮制过程不能连续化，费时、费工，采用快速煮制法可克服此不足。

（3）快速煮制法。将原料在糖液中交替进行加热糖煮和放冷糖渍，使果蔬内部水气压迅速消除，糖分快速渗入而达平衡。处理方法是将原料装入网袋中，先在30%热糖液中煮4～8 min，取出立即浸入等浓度的15 ℃糖液中冷却。如此交替进行4～5次，每次提高糖浓度10%，最后完成煮制过程。

快速煮制法可连续进行，煮制时间短，产品质量高，但糖液需求量大。

（4）减压煮制法。又称真空煮制法。原料在真空和较低温度下煮沸，因组织中不存在大量空气，糖分能迅速渗入果蔬组织里面达到平衡。此法的温度低，时间短，制品色、香、味、形都比常压煮制好。具体方法：将前处理好的原料先投入盛有25%稀糖液的真空锅中，在真空度为83.545 kPa，温度为55～70 ℃下热处理4～6 min，消压，糖渍一段时间，然后提高糖液浓度至40%，再在真空条件下煮制4～6 min，消压，糖渍，重复3～4次，每次提高糖浓度10%～15%，使产品最终糖液浓度达60%以上。

（5）扩散煮制法。它是在真空糖制的基础上进行的一种连续化煮制方法，机械化程度高，糖制效果好。具体方法：先将原料密闭在真空扩散器内，抽空排除原料组织中的空气，而后加入95 ℃的热糖液，待糖分扩散渗透后，将糖液顺序转入另一扩散器内，再在原来的扩散器内加入较高浓度的热糖液，如此连续进行几次，制品即达要求的糖浓度。

（四）烘干晒与上糖衣

除糖渍蜜饯外，多数制品在糖渍后需进行烘晒，除去部分水分，使表面不粘手，利于保藏。烘干温度不宜超过65 ℃，烘干后的蜜饯，要求保持完整、饱满、不皱缩、不结晶，质地柔软，含水量达18%～22%，含糖量达60%～65%。

制糖衣蜜饯时，可在干燥后用过饱和糖液浸泡一下取出冷却，糖液在制品表面上凝结成一层晶亮的糖衣薄膜，使制品不黏结、不返砂，增强保藏性。上糖衣用的过饱和糖液，常以3份蔗糖、1份淀粉糖浆和2份水配合而成，将混合浆液加热至113～114.5 ℃，然后冷却到93 ℃，即可使用。

在干燥快结束的蜜饯表面，撒上结晶糖粉或白砂糖，拌匀，筛去多余糖粉，即得结晶糖蜜饯。

（五）整理、包装与储存

干燥后的蜜饯应及时整理或整形，以获得良好的商品外观。例如，杏脯、蜜枣、橘饼等产品，干燥后经整理，使外观整齐一致，便于包装。

干态蜜饯的包装以防潮、防霉为主，常用阻湿隔气性好的包装材料，如复合塑料薄膜袋、铁听等。湿态蜜饯可参照罐头工艺进行装罐，糖液量为成品总净重的45%～55%。然后密封，在90 ℃下杀菌20～40 min，冷却。对于不杀菌的蜜饯制品，要求其可溶性固形物应达70%～75%，糖分不低于65%。

蜜饯储存的库房要清洁、干燥、通风，尤其是干态蜜饯，库房墙壁要用防湿材料，库温控制在12～15 ℃，储藏时糖制品若出现轻度吸潮，可重新进行烘干处理，冷却后再包装。

二、果蔬糖制品易出现的质量问题及解决方法

糖制后的果蔬制品，尤其是蜜饯类，由于采用的原料种类和品种不同，或加工操作方法不当，可能会出现返砂、流汤、煮烂、皱缩、褐变等质量问题。

（一）返砂与流汤

一般质量达到标准的果蔬糖制品，要求质地柔软，光亮透明。但在生产中，如果条件掌握不当，成品表面或内部易出现返砂或流汤现象。返砂即糖制品经糖制、冷却后，成品表面或内部出现晶体颗粒的现象，使其口感变差，外观质量下降；流汤即蜜饯类产品在包装、储存、销售过程中吸潮、表面发潮的现象，尤其是在高温、潮湿季节。

果蔬糖制品出现的返砂和流汤现象，主要是因成品中蔗糖和转化糖之间的比例不合适造成的。若一般成品中含水量为17%～19%，总糖量为68%～72%，转化糖含量在30%，即占总糖含量的50%以下时，都将出现不同程度的返砂现象。转化糖越少，返砂越重；相反，若转化糖越多，蔗糖越少，流汤越重。当转化糖含量达40%～45%，即占总糖含量的60%以上时，在低温、低湿条件下保藏，一般不返砂。因此，防止糖制品返砂和流汤，最有效的办法是控制原料在糖制时蔗糖与转化糖之间的比例。影响转化的因素是糖液的pH值和温度。pH值为2.0～2.5，加热时就可以促使蔗糖转化，提高转化糖含量。杏脯很少出现返砂，原因是杏原料中含有较多的有机酸，煮制时溶解在糖液中，降低了pH值，利于蔗糖的转化。

对于含酸量较少的苹果、梨等，为防止制品返砂，煮制时常加入一些煮过杏脯的糖液（杏汤），可以避免返砂。目前生产上多采用加柠檬酸或盐酸来调节糖液的pH值。调

整好糖液的 pH 值（2.0～2.5），对于初次煮制是适合的，但对于工厂连续生产，糖液是循环使用的，糖液的 pH 值及蔗糖与转化糖的相互比例时有改变，因此，应在绝大部分白砂糖加毕并溶解后，检验糖液中总糖和转化糖含量。按正规操作方法，这时糖液中总糖量为 54%～60%，若转化糖已达 25% 以上（占总糖量的 43%～45%），即可以认为符合要求，烘干后的成品不致返砂和流汤。

（二）煮烂与皱缩

煮烂与皱缩是果脯生产中常出现的问题。例如，煮制蜜枣时，由于划皮太深、划纹相互交错、果实成熟度太高等，经煮制后易开裂破损。苹果脯的煮烂除与果实品种有关外，成熟度也是重要影响因素，过生、过熟都比较容易煮烂。因此，采用成熟度适当的果实为原料，是保证果脯质量的前提。此外，采用经过前处理的果实，而不立即用浓糖液煮制，先放入煮沸的清水或 1% 的食盐溶液中热烫几分钟，再按工艺煮制。在煮制时用氯化钙溶液浸泡果实，也有一定的作用。

另外，煮制温度过高或煮制时间过长也是导致蜜饯类产品煮烂的一个重要原因。因此，糖制时应延长浸糖的时间、缩短煮制时间和降低煮制温度，对于一些易煮烂的产品，最好采用真空渗糖或多次煮制等方法。

果脯的皱缩主要是"吃糖"不足，干燥后容易出现皱缩干瘪。若糖制时，开始煮制的糖液浓度过高，会造成果肉外部组织极度失水收缩，降低了糖液向果肉内渗透的速度，破坏了扩散平衡。另外，煮制后浸渍时间不够，也会出现"吃糖"不足的问题。克服的方法：应在糖制过程中掌握分次加糖，使糖液浓度逐渐提高，延长浸渍时间。真空渗糖无疑是重要的措施之一。

（三）成品颜色褐变

果蔬糖制品颜色褐变的原因是果蔬在糖制过程中发生非酶褐变和酶褐变反应，导致成品色泽加深。非酶褐变包括羰氨反应和焦糖化反应，另外，还有少量维生素 C 的热褐变。这些反应主要发生在糖制品的煮制和烘烤过程中，尤其是在高温条件下煮制和烘烤时最易发生，致使产品色泽加深。在糖制和干燥过程中，适当降低温度和缩短时间，可有效阻止非酶褐变，采用低温真空糖制是一种最有效的技术措施。

酶褐变主要是果蔬组织中酚类物质在多酚氧化酶的作用下氧化褐变，一般发生在加热糖制前。使用热烫和护色等处理方法，抑制引起褐变的酶活性，可有效抑制由酶引起的褐变反应。

三、果蔬糖制品包装的目的

果蔬糖制品需进行包装，包装的目的有下列几点：

（1）保护成品不受污染，符合卫生要求。
（2）保护成品品质不受气候环境的影响。
（3）延长货架寿命。
（4）方便食用、携带、销售及转运。

（5）美化成品，提高商品价值。
（6）成品存留必须做到"六防"，即防虫、防鼠、防霉、防尘、防湿、防臭。

 任务实施

实训任务四　多味番茄脯的制作

一、实训目的
熟悉多味番茄脯对原辅料的要求，掌握多味番茄脯的工艺流程，了解多味番茄脯的质量标准。

二、实训要求
（1）详细做好试验记录。
（2）注意观察试验现象。
（3）分析影响成品质量的因素。

三、原辅材料和仪器
原辅材料：市售外观无破损的番茄、白砂糖、姜、柠檬酸等。
仪器：电子秤、热风干燥箱、不锈钢夹层锅、不锈钢盆、酸度计、包装机等。

四、操作步骤
（一）工艺流程
选料→清洗→热烫去皮→修整切块→硬化处理→低糖煮制与浸渍→高糖煮制与浸渍→烘干→整形→包装。

（二）操作要点

1. 选料

选择新鲜、色红，果形和风味均好，未受病虫危害，果肉硬度较强，果肉肥厚，籽少，汁液少，耐煮性强，成品率高的番茄品种。

2. 清洗

将番茄倒入洗槽内，洗净表皮。

3. 热烫去皮

将番茄倒入 95～98 ℃ 的热水中烫 1 min，烫至表皮易脱离为宜，然后立即捞出投入冷水中，剥皮。

4. 修整切块

番茄去皮后，用小刀将蒂及虫眼挖掉，再纵切为两瓣。

5. 硬化处理

将切好的番茄块倒入浓度为 0.6% 的氯化钙溶液中浸泡 2.0～2.5 h。

6. 低糖煮制与浸渍

配制浓度为 18%～20% 的糖液，其数量根据原料及糖锅确定。加入姜泥（鲜生姜捣碎），调制成糖姜汁。将糖姜汁加热至沸，再将番茄倒入，煮沸 10～15 min，使糖液浓度保持在 20%左右，倒入浸渍缸中，浸泡 24 h。

7. 高糖煮制与浸渍

配制浓度为 40%的糖液，加入 0.2%～0.3%的柠檬酸、2%的姜泥，加热至沸腾，将浸渍过的番茄倒入锅中煮沸。其间每隔几分钟补加一次白砂糖，使糖液浓度始终达到 50%～55%，pH 值为 2.5～3.0，煮制时间为 10～15 min，番茄由硬变软，停止加热，浸泡 48 h。

8. 烘干

将浸渍后的番茄在糖液中把姜泥漂洗干净，捞出，沥去附着的糖液，再将其均匀地摆放在烘盘上，放入热风干燥箱中，在 60～65 ℃下烘 10 h 左右，上下倒盘，再在 50 ℃下继续烘干 24 h，烘至冷却后，用手摸不粘手、不潮湿，有弹性即可。

9. 整形、包装

将番茄脯整理、包装。

五、成品质量要求

色泽呈深红色；口味酸甜适口，有姜辣味，且有番茄果香味；果形完整饱满，透明，入口有弹韧性。

含糖量 50%～55%；含水量 18%～20%。

无致病菌引起的腐败现象。

实训任务五　芒果脯的制作

一、实训目的

熟悉芒果脯对原辅料的要求，掌握芒果脯的工艺流程，了解芒果脯的质量标准。

二、实训要求

（1）详细做好试验记录。

（2）注意观察试验现象。

（3）分析影响成品质量的因素。

三、原辅材料和仪器

原辅材料：市售外观无破损的芒果、白砂糖等。

仪器：电子秤、热风干燥箱、不锈钢夹层锅、不锈钢盆、不锈钢刀、酸度计、包装机等。

四、操作步骤

（一）工艺流程

原料选择→去皮切片→护色、硬化处理→漂洗、热烫→糖制→装筛干燥→整理包装。

（二）操作要点

1. 原料选择

原料要求成熟度不可过高，硬熟即可。对原料品质要求不严，次果及一些未成熟落果也可作原料。过熟的芒果不宜制作芒果脯，只适合制作芒果酱和芒果汁。

2. 去皮切片

芒果原料需要按成熟度和大小分级，目的是使制品品质一致，然后清洗，去皮。去皮后用锋利刀片沿核纵向斜切，果片大小厚薄要一致，厚度为0.8 cm。

3. 护色、硬化处理

配0.2%焦亚硫酸钠和0.2%氯化钙混合溶液，使芒果块浸渍在溶液中，时间需4～6 h。然后移出，用清水漂洗，沥干水分准备预煮。

4. 漂洗、热烫

预煮时把水煮沸，投入原料，时间一般为2～3 min，以原料达半透明并开始下沉为度。热烫后马上用冷水冷却，防止热烫过度。

5. 糖制

如果原料先经预煮处理，可将预煮后的原料趁热投入30%冷糖液冷却和糖渍。如果原料不经预煮处理，则用30%糖液先糖煮，煮沸1～3 min，以煮到果肉转软为度。糖渍8～24 h后，移出糖液，补加糖液重10%～15%的蔗糖，加热煮沸后倒入原料继续糖渍。8～24 h后再移出糖液，再补加糖液重10%的蔗糖，加热煮沸后回加原料中，利用温差加速渗糖。如此经几次渗糖，原料吸糖可达40～50°Bx，达到低糖果脯所需含糖量。可用淀粉糖取代45%蔗糖，使芒果脯的甜度降低，又依然吸糖饱满，而且柔软。若要增加芒果脯的含糖量，则还要继续渗糖，直到所需要的含糖量。

6. 装筛干燥

芒果块糖制达到所要求的含糖量后，捞起沥去糖液，可用热水淋洗，以洗去表面糖液、降低黏性和利于干燥。干燥时温度控制在60～65 ℃，期间还要进行换筛、翻转、回湿等操作。

7. 整理包装

芒果脯成品含水量一般为18%～20%。达到干燥要求后，进行回软、包装。干燥过程中果块往往变形，干燥后需要压平。包装以防潮防霉为主，可采取果干的包装法，用复合塑料薄膜袋以50 g、100 g等作零售包装。

五、成品质量要求

色泽呈深橙黄色至橙红色，有光泽，半透明，色泽一致；外观完整，组织饱满，表面干燥不粘手；具有芒果风味。

含水量18%～20%；含糖量50%～60%。

实训任务六 其他选作项目

一、蜜枣

（一）工艺流程

原料选择→切缝→熏硫→糖煮和糖渍→烘干→整形→包装。

（二）操作要点

1. 原料选择

选用果形大、果肉肥厚、疏松、果核小、皮薄而质韧的品种，如北京的糖枣、山西的泡枣、浙江的大枣和马枣、河南的灰枣、陕西的团枣等。果实由青转白时采收，过熟则制品色泽较深。

2. 切缝

用排针或机械将每个枣果划缝 80~100 条,其深度以深入果肉的 1/2 为宜。划缝太深,糖煮时易烂,太浅则糖液不易渗透。

3. 熏硫

北方蜜枣切缝后将枣果装筐,入熏硫室。硫黄用量为果实重的 0.3%,熏硫 30~40 min,至果实汁液呈乳白色即可。食品绿色加工中不使用熏硫处理,南方蜜枣不进行熏硫处理,切缝后即行糖渍。

4. 糖煮和糖渍

先配制浓度为 30%~50%的糖液 35~45 kg,与枣果 50~60 kg 同时下锅煮沸,加枣汤(上次浸枣剩余的糖液)2.5~3 kg,煮沸,如此反复三次加枣汤后,开始分次加糖煮制。第 1~3 次,每次加糖 5 kg 和枣汤 2 kg 左右;第 4~5 次,每次加糖 7~8 kg;第 6 次,加糖约 10 kg。每次加糖(枣汤)应在沸腾时进行。最后一次加糖后,续煮约 20 min,而后连同糖液倒入缸中浸渍 48 h。全部糖煮时间需要 1.5~2.0 h。

5. 烘干

沥干枣果,送入烘房,烘干温度为 60~65 ℃,烘至六七成干时,进行枣果整形,捏成扁平的长椭圆形,再放入烘盘上继续干燥(回烤),至表面不粘手,果肉具韧性即为成品。

6. 整形、包装

操作方法略。

(三)成品质量要求

色泽呈棕黄色或琥珀色,均匀一致,呈半透明状态;形态为椭圆形,丝纹细密整齐,含糖饱满,质地柔韧;不返砂,不流汤,不粘手,不得有皱纹、露核及虫蛀。

总糖含量 68%~72%;含水量 17%~19%。

二、苹果脯

(一)工艺流程

原料选择→去皮、切分、去心→硫处理和硬化→糖煮→糖渍→烘干→整形→包装。

(二)操作要点

1. 原料选择

选用果形圆整、果心小、肉质疏松和成熟度适宜的原料。

2. 去皮、切分、去心

用手工或机械去皮后,挖去损伤部分,将苹果对半纵切,再用挖核器挖掉果心。

3. 硫处理和硬化

将果块放入 0.1%的氯化钙和 0.2%~0.3%的亚硫酸氢钠混合液中浸泡 4~8 h,进行硬化和硫处理。肉质较硬的品种只须进行硫处理。每 100 kg 混合液可浸泡 120~130 kg 原料。浸泡时上压重物,防止上浮。浸后取出,用清水漂洗 2~3 次备用。

4. 糖煮

在夹层锅内配成 40%的糖液 25kg,加热煮沸,倒入果块 30 kg,以旺火煮沸后,再添加上次浸渍后剩余的糖液 5 kg,重新煮沸。如此反复进行 3 次,需要 30~40 min。

此时果肉软而不烂,并随糖液的沸腾而膨胀,表面出现细小裂纹。此后再分六次加糖煮制。第一、第二次分别加糖 5 kg,第三、第四次分别加糖 5.5 kg,第五次加糖 6 kg,每次间隔 5 min,第六次加糖 7 kg,煮制 20 min,全部糖煮时间需 1～1.5 h,待果块呈现透明时,即可出锅。

5. 糖渍

趁热起锅,将果块连同糖液倒入缸中浸渍 24～48 h。

6. 烘干

将果块捞出,沥干糖液,摆放在烘盘上,送入烘房,在 60～66 ℃下干燥至以不粘手为度,大约需要 24 h。

7. 整形和包装

烘干后用手捏成扁圆形,剔除黑点、斑疤等果块,装入食品袋、纸盒,再行装箱。

(三) 成品质量要求

色泽呈浅黄色至金黄色,具有透明感;形态呈碗状或块状,有弹性,不返砂,不流汤;甜酸适度,具有原果风味。

总糖含量 65%～70%;含水量 18%～20%。

三、杏脯

(一) 工艺流程

原料选择→原料处理→浸硫护色→糖煮和糖渍→烘干→整形→回软→包装。

(二) 操作要点

1. 原料选择

选择皮色橙黄、肉黄、硬而韧的品种,成熟度八成左右。

2. 原料处理

剔除病虫害、伤残果。漂洗干净,切半去核。

3. 浸硫护色

切半后的杏放在浓度为 0.3%～0.6%的亚硫酸钠溶液中浸泡 1 h 左右,捞出后用清水冲洗干净。

4. 糖煮和糖渍

采用多次糖煮和糖渍法。

第一次糖煮和糖渍:糖液浓度 40%,煮沸持续 10 min 左右,待果面稍膨胀,并出现大气泡时,即可倒入缸内糖渍 12～24 h,糖渍时糖液要浸没果面。

第二次糖煮和糖渍:糖液浓度为 50%,煮制 2～3 min 后糖渍。糖渍后捞出晾晒,使杏碗凹面向上,让其水分自然蒸发。当杏碗失重 1/3 左右时,进行第三次糖煮。

第三次糖煮和糖渍:糖液浓度为 65%～70%,煮制 15～20 min,糖渍。捞出杏碗沥干。

5. 烘干

将杏碗放在烤盘中送入烘房中烘制,烘制温度为 60～65 ℃,烘烤 24～36 h,烘至杏碗表面不粘手并富有弹性为止。为了防止焦化,烘制温度不要超过 70 ℃,并间歇地翻动和排湿。

6. 整形

将杏碗捏成扁圆形的杏脯。

7. 回软

把杏脯堆积在一起均湿，使杏脯干湿均匀。

8. 包装

先装入食品袋，再装入纸箱，放在通风干燥处。

（三）成品质量要求

色泽橘黄，组织饱满，果形扁圆、完整，质地半透明。

总糖含量在68%以上；含水量在18%以下。

四、山楂蜜饯

（一）工艺流程

原料选择→洗涤→去核→糖煮和糖渍→浓缩→装罐→灭菌→冷却。

（二）操作要点

1. 原料选择

选择新鲜、成熟、个头较大的山楂，剔除腐粒、萎缩、干疤及病虫果。

2. 洗涤、去核

用清水漂洗干净果面的灰尘、污物及杂质。用捅核器将果柄、果核及花萼同时去掉。对成熟度较低、组织致密的山楂，用30%的糖液，90~100 ℃的温度煮2~5 min；对成熟度高、组织较疏松的山楂用40%的糖液，80~90 ℃的温度煮1~3 min。以煮至果皮出现裂纹，果肉不开裂为度。糖煮时所用的糖液质量为果重的1~1.5倍。

3. 糖煮和糖渍

配成浓度为50%的糖液，过滤后备用。将经过糖煮的山楂捞出后放入50%的糖液中浸渍18~24 h。

4. 浓缩

先将浸渍山楂的糖液倒入夹层锅中煮沸，再将山楂倒入锅内，继续煮沸15 min，按100 kg果加15 kg糖的用量，将糖倒入锅中，浓缩至沸点温度达104~105 ℃（糖液浓度达60%以上时）即可出锅。

5. 装罐

浓缩后的山楂与糖浆按一定的比例装入罐内，立即封盖。

6. 灭菌和冷却

在沸水中灭菌15 min，取出冷却至40 ℃即可。

（三）成品质量要求

色泽呈紫红色，透明，有光泽，酸甜适口，有原果风味；成品总糖含量60%。

五、红薯脯

（一）工艺流程

原料选择→清洗→去皮、切分→护色→硬化→漂烫→浸胶→糖液配制→糖煮→糖渍→烘干。

（二）操作要点

1. 原料选择

选用质地紧密，无创伤、无污染、无腐烂、块形圆整的鲜薯。

2. 清洗、去皮、切分

将选好的红薯经过清洗，去掉外皮后按要求切成一定形状，使产品外形美观大方。

3. 护色

将切好的薯块放入 0.3%～0.5%的亚硫酸钠溶液中，浸泡 90～100 min，取出后用清水漂洗。

4. 硬化

用 0.2%～0.5%的生石灰液浸泡薯块 12～16 h，待完全硬化后取出，用清水漂洗 10～15 min。

5. 漂烫

将硬化的薯块放入沸水中煮沸数分钟，捞出沥去余水。

6. 浸胶

将硬化的薯块放入配好的 0.3%～0.5%明胶溶液中，减压浸胶，真空度为（0.87×10^5）～（0.91×10^5）Pa，时间为 30～50 min，胶液温度为 50 ℃左右。

7. 糖液配制

先将饴糖配成糖度约为 20%的糖液，再用白砂糖调糖度为 40%～50%，然后用柠檬酸调糖液 pH 值至 4～4.2。

8. 糖煮

将处理好的薯块放入微沸的糖液中煮制，至薯块呈透明状，煮制终点糖度为 45%左右，约需要 1 h。

9. 糖渍

为保证薯块浸足糖分，连同原糖液一起浸渍 12～24 h。

10. 烘干

将浸渍好的薯块连同糖液一起加热到 50 ℃，然后捞出沥去糖液，单层平摊在烘盘中进行烘烤。烘烤温度控制在 65～70 ℃，烘烤期间注意倒换烘盘，勤翻动薯块烘至薯块不粘手，稍带弹性为止，一般需 8～12 h。

（三）成品质量要求

色泽呈橙红色，透明，有光泽，酸甜适口，有原果风味；成品总糖含量 60%。

任务四 果蔬绿色罐藏

任务目标	任务描述	本任务要求通过对罐藏原理、罐藏容器及罐藏食品类型的学习，了解罐藏食品及相关知识；通过实训任务对罐头的绿色加工有更深的了解
	任务要求	掌握罐头的生产要求；了解水果罐头的制作工艺

任务准备

一、罐藏原理

（一）罐头食品与微生物的关系

微生物主要包括细菌、霉菌和酵母菌，霉菌和酵母菌很少在密封的罐头内发生败坏，它们一般不能在耐罐藏的热处理和密封条件下活动。导致罐头食品败坏的微生物最主要的是细菌。我们现在所采用的杀菌理论和计算标准都是以某类细菌的致死效应为依据的。

细菌学杀菌是指绝对无菌，而罐头食品杀菌是指商业无菌。其含义是杀死致病菌、腐败菌，而不是杀灭一切微生物。严格控制杀菌温度和时间就成为保证罐头食品质量极为重要的事情，因此有必要了解腐败微生物的一般习性。

1. 对生存物质的要求

食品原料含有微生物生长活动所需的营养物质，如糖、淀粉、油脂、维生素、蛋白质及各种必要的盐类和微量元素，都是微生物生长的基本条件。微生物的大量存在，是罐头败坏的重要原因。因此，在食品加工厂从原料处理到成品的各个环节中，清洁卫生管理是非常重要的。

2. 微生物对水分的要求

微生物对营养物质的吸收是在溶液状态下通过渗透扩散作用进行的。因此，只有存在充足的水分，才能进行正常的新陈代谢。减少水分就限制了微生物的生长活动。例如，某些低酸性食品罐头在含水量低于25%～30%时，可以安全保存。

3. 对氧的要求

微生物对氧的需要有很大的差别，依据对氧的要求可将它们分为嗜氧微生物、厌氧微生物、兼性厌氧微生物。在罐藏方面，嗜氧微生物受到限制，而厌氧微生物则是主要腐败因素，如果在热处理时没有杀死，则会造成罐头食品的败坏。

4. 酸的适应性

酸的适应性是对产品中游离酸而言的，而不是总酸度。不同的微生物具有生长最适宜的pH值范围，在一定温度下pH值越低，降低细菌及孢子的抗热力则越显著，也就提高了杀菌的效应。

根据食品酸性的强弱可分为酸性食品（pH值4.5或以下）、低酸性食品（pH值4.5以上）。

在低酸性食品中的微生物以嗜温性产芽孢的厌氧细菌类为主，如腐败菌PA3679属于这一类，通常作为杀菌的标准；在酸性食品中造成败坏的是一类耐酸性的微生物，这类耐酸性微生物没有特殊的抗热性。

5. 微生物的耐热力

各类微生物都有其最适的生长温度，温度超过或低于此最适范围，会影响它们的生长活动，抑制其生长甚至死亡。

根据对温度的适应范围，将微生物分为以下几类。

（1）嗜冷性微生物。生长最适温度为 14～20 ℃。霉菌和某些细菌能在此温度下生长，它们对食品安全影响不大。

（2）嗜温性微生物。活动温度范围为 21～43 ℃。这类微生物很容易引起罐藏食品的败坏，很多产毒素的败坏细菌可适应这个温度。

（3）嗜热性微生物。最适温度为 50～66 ℃，最低温度为 38 ℃左右，有的可在 77 ℃下缓慢生长。这类细菌的孢子是最抗热的，有的能在 121 ℃下生存 60 min 以上，这类细菌在食品败坏中不产生毒素。

（二）影响杀菌的因素

1. 微生物

微生物的种类不同，其抗热力与耐酸能力对杀菌的效果有不同的影响，但杀菌的效果若涉及细菌，还应考虑以下因素。

1) 食品中污染微生物的种类

食品中污染微生物的种类很多，微生物的种类不同，其耐热性有明显不同，即使同一种细菌，菌株不同，其耐热性也有较大差异。一般说，非芽孢菌、霉菌、酵母菌及芽孢菌的营养细胞的耐热性较低。

营养细胞在 70～80 ℃下加热，很短时间便可被杀死，细菌芽孢的耐热性很强，其中又以嗜热性细菌的芽孢最强，厌氧菌芽孢次之，需氧菌芽孢最弱。同一种芽孢的耐热性又因其菌龄、生产条件等的不同而不同。

2) 食品中污染微生物的数量

食品中微生物存在的数量，特别是孢子存在的数量越多，抗热能力越强，在相同温度下所需的致死时间就越长。对于某一种对象菌来说，在规定的温度下，细菌死灭的数量与杀菌时间之间存在着对数关系，用数学式表达为

$$\ln b = -kt + \ln a \quad \text{或} \quad b = a/e^{kt}$$

式中，t——杀菌时间；

k——细菌死灭速度常数；

a——杀菌前的菌浓度；

b——经 t 时间杀菌后存活的菌浓度。

从上式可看出，在相同的杀菌条件（温度和时间为定值）下，对于某一种特定的菌来说，b 取决于 a，污染越严重 a 越大，b 也就越大。

原料从采收到加工的拖延积压，对食品品质是很不利的。还要注意卫生管理、用水质量及对与食品接触的一切机械设备的清洗和处理，否则都会影响杀菌效果。

3）环境条件的影响

孢子在形成过程中的环境条件对其抗热力有影响，即外界的物理化学条件对其抗热力有改变作用。例如，干燥可增加芽孢或孢子的抗热力，而冷冻有减弱抗热力的趋势。

2. 食品原料

食品原料的组织结构和化学成分是复杂的，在杀菌及以后的储存期间对罐头有不同的影响。

1）原料的酸度（pH 值）

原料的酸度是影响抗热力的一个重要因素。原料的 pH 值对细菌芽孢的耐热性影响最显著。大多数产芽孢的细菌，通常在中性时耐热性最强。提高食品的酸度，即降低 pH 值，可以减弱微生物的抗热性并抑制它的生长。pH 值越低，酸度越高，芽孢的耐热性越弱。因而在低酸性食品中加酸（如醋酸、乳酸、柠檬酸等），可以提高杀菌和保藏的能力。当 pH 值大于 5.0 时，影响细胞抗热力的则主要为其他因素。

2）含糖量的影响

糖对孢子具有保护作用，因为细胞的原生质部分脱水，防止了蛋白质的凝结，使细胞处于更稳定的状态。所以，在一定范围内，装罐食品和填充液中糖的浓度越高，越需要较长的杀菌时间。

3）无机盐的影响

低浓度（<4%）的食盐溶液对孢子有保护作用，但高浓度（>8%）的食盐溶液则会降低孢子的抗热力。食盐也能有效地抑制腐败菌的生长。另外，磷酸盐能影响孢子的抗热力，它对孢子的形成和萌发都是很重要的。

4）酶的作用

酶是一种蛋白质性质的生物催化剂。在较高的温度下，酶因蛋白质结构崩解、键断裂而失去活性。在罐头食品中因高温杀菌，绝大多数的酶活性在 79.4 ℃下几分钟就可被破坏，但如果酶的活性没有完全被破坏，在酸性和高酸性食品中常引起风味、色泽和质地的败坏。一般来说，过氧化物酶系统的钝化，常作为酸性罐头食品杀菌的指标。

5）其他成分

淀粉、蛋白质、油脂对孢子的抗热力有保护作用。淀粉本身不影响孢子的抗热力，但能有效地吸附有抑制性质的物质，为细菌提供有利的条件；油脂也有阻碍热对孢子作用的效果；蛋白质对孢子的抗热力也起一定的保护作用。果胶也使传热显著减缓。

（三）罐头食品杀菌的理论依据

1. 杀菌的目的

（1）杀灭一切对罐内食品起败坏作用和产致病毒素的微生物，破坏酶的活性，使食品得以稳定保存。

（2）改变食品质地和风味。一般认为，在罐头食品杀菌中，酶类、霉菌类和酵母类是比较容易控制和杀灭的。罐头热杀菌的主要对象是那些在无氧或微量氧条件下，仍然活动而且产生孢子的厌氧性细菌。这类细菌的孢子抗热力是很强的。

2. 食品杀菌的理论依据

要完成杀菌的要求就必须考虑杀菌的温度和时间的关系。

热致死时间是指罐内细菌在某一温度下需要多少时间才能被杀死。常以此数据作为杀菌操作的指导。

在实验室中进行这种测定必须采用抗热力能够代表食品内有害细菌的菌种，该菌种被杀死，也就基本上消灭了其他有害菌种。在罐头食品工业上一般认可的试验菌种，是能产生毒素的肉毒杆菌的孢子，但也有采用抗热力更高的菌种，如 FS1518 和 FA3679 为标准对象，视目的要求而选用。

热对细菌致死的效应是操作时的温度与时间控制的结果。温度越高，处理时间越长，效果越显著，但同时也提高了对食品营养的破坏作用，因而合理的热处理必须满足以下两条原则。

（1）抑制食品中最抗热的致败微生物和产毒微生物所需的温度和时间。

（2）了解产品的包装和包装容器的热传导性能，温度只要超过微生物生长所能够忍受的最高限度，就具有致死的效应。

另外，在流体和固体食品中，升温最慢的部位有所不同，罐头杀菌必须以这个最冷点作为标准，热处理要满足这个部位的杀菌要求，才能使罐头食品安全保存。

二、罐藏食品的分类

《罐头食品分类》（GB 10784—2020）中按照不同原料、生产工艺和产品特性将罐头分为以下几类：畜肉类罐头、禽类罐头、水产类罐头、水果类罐头、蔬菜类罐头、食用菌罐头、坚果及籽类罐头、谷物和杂粮罐头、蛋类罐头、婴幼儿辅食罐头和其他类罐头。

三、罐藏容器

（一）罐藏容器应具备的条件

（1）对人体没有毒害，不污染食品，保证食品符合卫生要求。

（2）具有良好的密封性能，保证食品经消毒杀菌之后与外界空气隔绝，防止微生物污染，使食品能长期储存而不致变质。

（3）具有良好的耐腐蚀性。因为各种罐藏食品一般都含有糖类、蛋白质等有机化合物及无机盐类，在罐藏食品生产过程中会发生一些化学变化，分解出具有一定腐蚀性的物质，罐藏食品在储存过程中也会缓慢地进行变化，腐蚀容器，甚至造成穿孔泄漏。

（4）适合工业化生产，能随承受各种机械加工，能适应工厂机械化和自动化生产的要求，容器规格一致，生产率高，质量稳定，成本低。

(5)容器应易于开启,取食方便,体积小,重量轻,便于携带,利于消费。

（二）常用的罐藏容器

目前,用于罐头生产的容器主要有镀锡薄板罐、镀铬薄板罐,铝合金薄板罐、玻璃罐、塑料罐及复合塑料薄膜袋等。下面介绍几种常用的罐藏容器。

1. 镀锡薄板罐（马口铁罐,简称铁罐）

马口铁罐是两面镀锡的低碳薄钢板,含碳量为 0.06%~0.12%,厚度为 0.15~49 mm,共五层结构,包括钢基、合金层、锡层、氧化膜层、油膜层。

2. 铝合金薄板罐（铝罐）

铝及铝合金薄板罐是纯铝或铝锰、铝镁按一定比例配合经过铸造、压延、退火制成的具有金属光泽、质量轻、能耐一定腐蚀的金属容器。

此类罐质轻,便于运输;抗大气的腐蚀不生锈;通常不会受到含硫产品的染色;易于成形;不含铅,无毒害。但强度低,易变形;不便于焊接;对产品有漂白作用;使用寿命不及马口铁罐;成本比马口铁罐昂贵。

铝罐看似耐腐蚀,但实验证明还是能与食品起反应。如果铝罐用于装果蔬加工品,必须进行内部涂料,这样成本就大为提高了。

3. 玻璃罐

玻璃罐是以玻璃作为材料制成的,在罐头食品中占的比重不小。玻璃为石英砂（硅酸）和碱,即中性硅酸盐熔融后在缓慢冷却中形成的非晶态固化无机物质。玻璃的种类很多,随配料成分而异。装食品用的玻璃罐是用碱石灰玻璃制成,即将石英砂、纯碱（碳酸钠）及石灰石（氧化钙）按一定比例配合后在 1500 ℃高温下熔融,再缓慢冷却成形铸成的。玻璃瓶由三部分组成:瓶身、瓶盖、瓶圈。

玻璃罐的特点:化学性质稳定,一般不与食品发生化学反应;可直接观察罐内产品的色泽、形状;可重复使用;原料丰富,成本低;硬度高,不变形。但热稳定性差;质脆易破;重量大;导热系数小;因其透光,而对某些色素产生变色的反应。

4. 软罐头

软罐头是由聚酯、铝箔、聚烯烃组成的复合薄膜为材料制成的。这类软罐头包装具有如下特点。

能够忍受高温杀菌,微生物不会侵入,储存期长;不透气,内容物几乎不可能发生化学作用,能够较长期地保持内容物的质量;质量轻,密封性好,封口简便牢固,可以电热封口;杀菌时传热速度快;开启方便,包装美观。

蒸煮袋被认为是罐藏食品技术开发在食品包装方面的一次重要进展。随着高温瞬间杀菌和装罐技术的发展,软罐头食品在色、香、味及食品组织形态和营养价值方面均比传统罐头食品要好。因此，软包装的使用被认为是罐头工业技术的革新，软罐头被称为第二代罐头。

（三）罐藏容器的清洗与消毒

罐藏容器是用来装盛食品的，因与食品直接接触，应保证卫生。然而，容器在加工运输和储存中不可避免地会接触一些微生物，吸附灰尘、油脂等污物，有的还可能残留焊锡药水等。因此，必须清洗干净、消毒和沥干，保证容器的清洁卫生，提高杀菌的效率。清洗的方法视容器的种类而定。

1. 金属罐的清洗

金属罐的清洗分为人工清洗和机械清洗。人工清洗，一般为小型企业采用，在热水中逐个洗刷金属罐，然后再将空罐置于沸水或蒸汽中消毒 0.5~1 min。取出后倒置，沥水后使用。人工清洗效率低，劳动强度大，故大中型企业多用洗罐机进行清洗。洗罐机种类很多，有链带式洗罐机、滑动式洗罐机、旋转式洗罐机、滚动式洗罐机等。这些洗罐机的不同之处是空罐的传送方式和工作能力不同，而清洗的过程是相同的。

2. 玻璃罐的清洗和消毒

人工清洗：先用热水浸泡玻璃罐，然后用毛刷逐个刷洗空罐的内外壁，再用清水冲净，最后用蒸汽或热水（95~100 ℃）消毒，即可沥水使用。对于回收的旧罐子，应先用温度为 40~50 ℃、浓度为 2%~3% 的氢氧化钠溶液浸泡 5~10 min，以便使附着物润湿而易于洗净。盖子先用温水冲洗，烘干后以 75% 酒精消毒。

四、罐头食品的检验

罐头食品的检验，是罐头食品生产的最后一个环节，也是罐头食品生产中不能缺少的环节。

1. 罐头的外观检查

（1）密封性能的检查。将罐头放于 80 ℃ 水中 1~2 min，如有气泡上升，表明罐头已漏气，应剔除、检查并分析原因。

（2）底盖状态检查。罐头底盖应保持平坦或微向内陷的状态，如发现底盖向外突出，应进一步检查分析，找出原因。

（3）真空度的测定。正常罐头一般应具有 23.8~50.0 kPa 的真空度，如用特制真空表测定，则需要破坏罐头。近年来，使用非破坏性的光电技术检测器，可将低真空度的罐头剔除。也可以采用敲击试验，或称人工打检法，来判断罐内的真空度，听罐内的空气与金属的共鸣声，共鸣声小，真空度就高，这种方法只能凭经验。

2. 感官检验

感官检验包括检查罐头内容物的色泽、风味、组织形态、有无杂质等，如同一果品罐头其果肉的色泽是否一致、糖水的透明度、罐头中碎屑的多少、有无机械伤及病虫斑点等。其他的罐头也同样看色泽是否一致、风味是否正常、有无异味产生、块状食品是否完整、同一罐内的块状是否均匀一致等。

3. 细菌检验

对罐头抽样，进行保温试验检验细菌。细菌的检验不仅要判断杀菌是否充分，而且也要了解是否仍有造成败坏的活的微生物存在。为了获得准确的数据，取样要有代表性。抽样的罐头先放在室温，促使其中可能存在的细菌生长。中性和低酸性食品应在 37 ℃下最少保温一周，若在 55 ℃下，保温时间可以缩短。酸性食品在 25 ℃可保温 10 天。

在此期间，每日进行检查，如果发现有败坏迹象的罐头，应立即取出，并开罐接种培育，在培育期间要做好记录，接种培育要注意环境条件，防止污染，以免结果不准确。检验记录范围应注意下列情况：

（1）产品在正常的存放期间内出现败坏的可能性。

（2）如果发现有活细菌存在，要辨明它们是不是能耐杀菌而幸存的类型。

（3）细菌是否有足够数量，要辨明是杀菌力度不够，还是由于原料污染。

（4）如果发现有不抗热的微生物，要辨明它们是否是在杀菌后进入的，而且是否有生活力。

4. 化学指标的检验

化学指标的检验包括对总重、净重、汤汁浓度、罐头本身的条件等进行评定和分析。例如，蔬菜罐头要求含盐量为 1%～2%。

5. 重金属与添加剂指标检验

重金属指标：Sn＜100 mg/kg；As＜0.3 mg/kg；Pb＜0.5 mg/kg。

一般罐头企业主要靠感官鉴定滋味、色泽、内容物、重量等，卫生指标的检测只是进行抽检。

五、罐头食品常见的败坏原因

罐头食品败坏的原因可以归纳为三类，即罐形的损坏、理化因素的败坏和微生物的败坏。

（一）罐形的损坏

罐形的损坏是指罐头外形不正常的损坏现象，一般用肉眼就可以鉴别。

1. 胀罐

胀罐是由细菌作用产生气体而形成的内压超过外界的压力,而使罐头的底盖向外突出。这种胀罐随程度不同而有不同的名称。

(1) 撞罐:外形正常,如将罐头抛落撞击,能使一端的底盖突出,如施以压力底盖即可恢复正常。

(2) 弹胀:罐头一端或两端稍外突,如施加压力,可以保持一段时间的向内凹入的正常状态。

(3) 软胀:罐头的两端底盖都向外突出,如施加压力可以使其正常,但是除去压力立即恢复外突状态。

(4) 硬胀:这是发展到严重阶段加压也不能使其两端底盖恢复平坦或凹入。

轻微的胀罐也可能是由于装罐过量、排气不够而造成的,但这种胀罐对内容物的品质无影响。

2. 氢罐

氢罐也是一种胀罐,多发生在酸性食品罐头中,是由于罐头内壁的铁皮及镀在铁皮上的锡与食品中的酸起作用,因此产生氢气积累在罐内,产生内压,使罐头底盖外突。

3. 漏罐

漏罐是指由罐头缝线或孔眼渗漏出部分内容物的现象。漏罐的原因有以下几种。

(1) 封盖时缝线形成的缺陷。

(2) 铁皮腐蚀生锈穿孔,或是由于腐败微生物产生气体引起过大的内压,损坏缝线的密封。

(3) 机械损伤也可能造成这种泄漏。

4. 变形罐

变形罐是指罐头底盖不规则的突出呈峰脊状,很像胀罐。这是由于冷却技术掌握不当,罐内压力过大而使底盖不整齐地突出,冷却后仍保持突出状态,而内部并无压力,如稍加压力即可恢复正常。

5. 瘪罐

瘪罐多发生在大型罐上,罐壁向内陷入变形。这是由于罐内真空过高,或过分的外压造成的。加压冷却易产生这种问题。

(二) 理化因素的败坏

1. 罐头内容物的变色

这是经常遇到的问题,形成的原因很多。例如,在含硫较多的食品罐头中,常看到黑色膜层或黑色粉末，影响外观，但无毒。其原因可能是原料在加工过程中与铜、铁用具接触形成的氧化物或盐类溶解在食品中，在高温杀菌过程中，食品蛋白质形成黑色的硫化铜。另外，含单宁的食品，与铁皮腐蚀暴露出来的铁起反应也会形成黑色物质。防止变色的方法：避免使用铜铁工具、容器，用水质量一定要符合要求，注意防止金属成分的污染，也可使用涂料空罐，因这种涂料含有锌与硫化合成白色的硫化锌，保留在涂料中不影响外观。

2. 罐头铁皮的腐蚀

这是由电化学腐蚀作用造成的。防止腐蚀的方法：充分预煮、排气、留有孔隙，对氢有足够的容纳量，尽量在低温下储存罐头食品，使用适当的马口铁材料等。

3. 罐头食品异味的发生

由于容器有气味而造成的食品异味，如用松木箱装运桃、杏等，使产品具有松木气味；也可能在微生物的作用下，引起产品异味的产生；金属容器接触食品带有金属味道；铁罐内部在制作中受机油污染，会带来严重的机油味；杀菌过分也可能引起烧焦味等。

（三）微生物的败坏

罐头食品因微生物造成的败坏有以下几个方面。

1. 杀菌方面的缺陷

杀菌不足，某些微生物得以存活，在适宜的条件下活动，产生气体的形成胀罐，不产生气体的，则外形无变化，但罐内发生酸败现象。

2. 由于泄漏引起的败坏

由于泄漏引起的败坏包括封罐机调节不当引起缝线的缺陷，或在杀菌中操作不慎，造成缝线松弛；冷却水过分污染吸入罐内；处理粗放，损害密封缝线等，引起外界微生物再感染。

这类败坏，经过培养检验，可以发现多种微生物存在，包括抗热型的细菌。

3. 杀菌前的败坏

在原料准备时，要经过各种处理，但此过程中不应拖延时间过长，因为在此期间，原料为各种微生物提供良好培养条件发生败坏。杀菌后只是停止败坏，而已经败坏的仍保留在罐中。这类败坏经过显微镜的检验，可以看出各种微生物的存在，但在接种培养时没有活的微生物存在，这说明原料处理不得当。

六、罐头食品的储存

罐头食品的储存涉及的问题很多，要针对不同的问题采取相应措施。

首先是仓库位置的选择，要便于进出库的联系；库房的设计要便于操作管理，防止不利环境因子的影响；库内的通风、光照、加热、防火等均要安排以利于工作和保管的安全。

罐头在仓库中的储存，有散堆和包装两种。一般装箱的比散堆的省人工，操作方便，对罐头有保护作用。在库房中，堆的区域应进行合理划分，产品种类不应混在一起，堆与堆之间应有一定间隔，生产先后应有所区别。

储存库应避免过高或过低的温度，也要避免温度的剧烈波动。罐头应充分冷却后进行包装，入库堆码，否则，在库房中温度不易降低。另外，仓库内和堆间要有良好的通风条件，对调节温度是有利的。空气湿度和温度的变化是影响生锈的重要因素，因此，在仓库管理中，应防止湿热空气流入库内，避免含腐蚀性的灰尘进入。

储存库要有严密的制度，按顺序编排号码，安置标签，说明产品名称、生产日期、批次和进库日期，或预定出库日期。管理人员必须详细记录，便于管理，并经常进行检查，以便及时发现不良产品。

任务实施

实训任务七　低糖果酱罐头的制作

一、低糖木瓜果酱罐头的加工

（一）实训目的

通过任务了解低糖罐头的加工知识及设备的操作过程，并将木瓜制成低糖罐头。

（二）实训要求

（1）对低糖果酱制作及工艺的优缺点加以评价。

（2）对所用增稠剂的要求和效果进行分析。

（3）写出不低于2000字的实训报告，对产品质量做出评价，并分析原因，提出改进措施。

（三）原辅材料和仪器

原辅材料：选择成熟度近九成的木瓜、白砂糖、柠檬酸、海藻酸钠。

仪器：半自动玻璃罐封罐机、320 g四旋玻璃罐或380 g四旋玻璃罐、不锈钢刀、不锈钢盆、1000 g天平、台秤、不锈钢锅、电磁炉、组织捣碎机、胶体磨等。

（四）操作步骤

1. 工艺流程

原料预处理（包括原料选择、清洗、去皮、破碎、打浆等）→煮制→第一次加糖加酸浓缩→第二次加糖加酸浓缩→起锅→装瓶→密封杀菌→分段冷却→保存→检验。

2. 操作要点

（1）原料预处理：将木瓜洗净、去皮，用刀横切，挖去种子，并适当破碎。

（2）煮制：将破碎原料放入不锈钢锅或夹层锅煮制，将其中水分蒸发为原重的

1/4～1/3。

(3) 第一次加糖加酸浓缩。

(4) 第二次加糖加酸浓缩。在第一次浓缩的基础上，加入剩余的 1/2 白砂糖，浓缩至成品所需含糖量。将已溶解在已知水量（少许）的柠檬酸和海藻酸钠，加入浓缩果酱中片刻至成品重（或 101～102 ℃）时起锅。

(5) 装瓶。将成品装入已消毒的瓶内留顶隙 5 mm 密封。

(6) 密封杀菌和分段冷却：380 g、25 min/100 ℃；320 g、20 min/100 ℃。分段冷却。

(7) 保存、检验。

操作方法略。

(五) 成品质量要求

应具有所用原料之色泽，酱体呈细腻或有小肉块存在，酱体为稠状，甜酸适宜。含糖量 30%～35%，可溶性固形物含量 35%～40%，含酸量 0.4%～0.6%，pH 值为 3.5～3.8。

二、红薯橙皮泥低糖果酱罐头的加工

(一) 实训目的

通过任务了解低糖罐头的加工知识及设备的操作过程，并将红薯橙皮制成低糖罐头。

(二) 实训要求

(1) 对低糖果酱的制作，特别是对利用副产物甜橙皮加工后的产品优缺点加以评价。

(2) 对所用增稠剂及对比试验的结果进行分析。

(3) 写出不低于 2000 字的实训报告，并做具体分析，写出改进方案。

(三) 原辅材料仪器

原辅材料：选择符合要求的红薯和甜橙皮、白砂糖、柠檬酸、海藻酸钠。

仪器：半自动玻璃罐封罐机、320 g 四旋玻璃罐或 380 g 四旋玻璃罐、不锈钢刀、不锈钢盆、1000 g 天平、台秤、不锈钢锅、电磁炉、组织捣碎机、胶体磨。

(四) 操作步骤

1. 工艺流程

原料预处理→煮制→第一次加糖加酸浓缩→第二次加糖加酸浓缩→装瓶→密封杀菌→分段冷却→保存→检验。

2. 操作要点

1) 原料预处理

① 红薯：原料经人工或机械洗涤，用氢氧化钠碱液（10%～12%），液温 90 ℃以上，浸液 1～2 min 去皮冲洗干净，也可以用蒸熟或煮熟去皮。

② 甜橙皮：用含盐 15%以上的盐水渍皮，加工时先进行脱盐，为加速脱盐可煮沸 30 min，再用流动水浸漂 24 h。

③ 原料配比：红薯∶橙皮∶水＝2∶1∶3。

④ 打浆：将已配好的原料，放入磨距为 0.25～0.5 μm 的胶体磨内磨细。

2) 第一次加糖加酸浓缩、第二次加糖加酸浓缩

方法与制作木瓜果酱相同，由于甜橙皮和红薯含酸低，可按成品量 0.45%～0.5%加入柠檬酸和 0.3%海藻酸钠浓缩至成品要求的糖度起锅。

3）装瓶、密封杀菌、分段冷却、保存、检验

方法同制作木瓜果酱。

（五）成品质量要求

应具有所用原料之色泽，酱体呈细腻或有小肉块存在，酱体为稠状，甜酸适宜。含糖量30%～35%，可溶性固形物含量35%～40%，含酸量0.4%～0.6%，pH值为3.5～3.8。

任务五　果蔬绿色饮料加工

任务目标	任务描述	本任务要求通过对植物蛋白饮料和果蔬汁饮料的概念及类型的学习，了解植物蛋白饮料和果蔬汁饮料的相关知识；通过实训任务对果蔬绿色饮料加工有更全面的了解
	任务要求	了解植物蛋白饮料和果蔬汁饮料的分类及特点；熟悉果蔬汁饮料绿色加工的工艺流程和关键工序；掌握加工过程中可能存在的质量问题与解决方法

任务准备

一、植物蛋白饮料的绿色加工

（一）概述

植物蛋白饮料主要包括豆乳、椰子汁、杏仁露、核桃露和花生乳等。

目前世界上以豆乳为主的植物蛋白饮料，因其具有营养丰富、风味优良、原料来源广泛、销售饮用方便等特点，已经发展成为现代化工业产品，特别是在日本、东南亚等地发展更为迅速。近年来，中国植物蛋白饮料的发展也很快。经过工艺调制加工的植物蛋白饮料与中国传统的豆浆相比，不仅营养全面、风味好，且有害因子去除彻底，产品经包装杀菌，可以在常温下保存，食用方便安全，是一种比较理想的营养型饮料。

1. 植物蛋白饮料的定义

根据《饮料通则》（GB 10789—2015），植物蛋白饮料是指以一定蛋白质含量的植物果实、种子或果仁等为原料，经加工制得（可经乳酸菌发酵）的浆液中加水或加入其他食品配料制成的饮料，成品中蛋白质含量不低于0.5%（质量分数）。

2. 植物蛋白饮料的分类

根据《饮料通则》（GB 10789—2015）规定，我国植物蛋白饮料可分为以下五大类。

1）豆乳类饮料

以大豆为主要原料，在经磨碎、提浆、脱腥等工艺制得的浆液中加入水、糖液等调

制而成的制品,成品中蛋白质含量不低于 0.5%(质量分数),可分为纯豆乳、调制豆乳及豆乳饮料。

2)椰子乳(汁)饮料

以新鲜、成熟适度的椰子为原料,取其果肉加工制得的椰子浆中加入水、糖液等调制而成的制品。

3)杏仁乳(露)饮料

杏仁乳(露)饮料是以杏仁为原料,经浸泡、磨碎等工艺制得的浆液中加入水、糖液等调制而成的制品。

4)核桃露(乳)

以核桃仁为原料经磨碎等工艺制得的浆液中加入水、糖液等调制而成的制品。

5)花生露(乳)

以花生为原料经磨碎等工艺制得的浆液中加入水、糖液等调制而成的制品。

3. 植物蛋白饮料的营养

植物蛋白饮料含有丰富的蛋白质、脂肪、维生素、矿物质等人体生命活动中不可缺少的营养物质。植物蛋白饮料中,蛋白质和氨基酸含量较高,豆乳中蛋白质的氨基酸组成合理,属优质蛋白,是人类优质蛋白的重要来源之一。

植物蛋白饮料不含胆固醇而含有大量的亚油酸和亚麻酸,人们如果长期饮用,不仅不会造成血管上的胆固醇沉积,而且还对血管壁上沉积的胆固醇具有溶解作用。大多数植物蛋白饮料含有维生素 E,可防止不饱和脂肪氧化,去除人体中过剩的胆固醇,防止血管硬化,减少褐斑,有预防老年病的作用,已受到越来越多人的青睐。植物蛋白饮料还富含钙、锌、铁等多种矿物质和微量元素。多数亚洲人体内不含乳糖酶,饮用牛奶易出现"乳糖不耐症",会产生腹泻现象,而植物蛋白饮料不含乳糖,饮用植物蛋白饮料就无此问题发生。植物蛋白饮料易被人体消化吸收,以豆乳喂养的婴儿,其肠道细菌组成与母乳喂养相同,其中双歧杆菌占优势,可抑制其他有害细菌生长,预防感染,对婴儿有保护作用。以牛奶喂养的婴儿,体内双歧杆菌很少,嗜酸乳酸菌多,婴儿易出现腹泻等消化不良症。

植物种仁除含有丰富的蛋白质、脂肪等营养成分外,许多植物种仁还具有疗效作用,如杏仁。现代医学临床调查揭示,杏仁有降血脂和预防动脉粥样硬化的功能。花生仁可预防高血压、动脉硬化和心血管疾病等。《本草纲目》中记载,椰子能止血、治霍乱等症。目前,随着人们对大豆的不断深入研究,大豆的营养特性,特别是大豆所具有的生理和生物活性越来越被人们所认识。大豆磷脂和大豆低聚糖的开发较早,美国将大豆磷脂保健饮品称为脑力劳动者的特殊营养补剂。大豆低聚糖对双歧杆菌具有增殖的作用,并且不易被人体消化吸收,可作为糖尿病人、肥胖病人和低血糖病人的健康食品原材料。大豆活性肽的研究在日本比较深入,已出现多肽饮料等保健食品。大豆皂苷和大豆异黄酮因其具有防癌和抗癌的作用而备受重视。1990 年,美国癌症学会召开了一次关于大豆抗癌功效的研讨会,专家们证明了大豆中至少有五种具有防癌功效的物质,即皂苷、异黄酮、蛋白酶抑制素、肌醇六磷酸酶和植物固醇。

经过工艺调制加工后所获得的植物蛋白饮料，不仅营养全面、风味优良，而且有害因子去除彻底。产品经包装杀菌后，可在常温下保存，食用方便安全，是一种比较理想的营养保健饮料。长期饮用植物蛋白饮料，不仅可提供人体所需的营养物质，而且对高血压、冠心病、动脉硬化、肥胖病等人类"现代文明病"及其他疾病有预防作用。

（二）食品绿色豆乳饮料的加工

1. 基本工艺流程

原料精选→清洗、浸泡→脱皮→灭酶与去豆腥味→磨碎与分离→调制→杀菌→脱臭、均质→包装→二次杀菌与冷却→冷藏。

2. 工艺要点

1) 原料精选

选取优质大豆。一般采用豆脐（或称豆眉）大豆，它色浅、含油量低、含蛋白质高。以白眉大豆为最好，其色泽光亮、籽粒饱满，无霉变、虫蛀、病斑，并且以在良好的条件下储存3~9个月的新大豆为佳，杂质控制在1%以下，水分应在12%以下。

对选用的原料应首先进行风选或筛选，去除金属、柴草、尘土、砂石等杂质，以及破碎的颗粒及其他不合格颗粒，常用精选设备来完成此项工作。

2) 清洗、浸泡

大豆表面有很多微细皱纹，其中附着了许多尘土和微生物，浸泡前应进行清洗。一般用清水洗三次左右。浸泡大豆是提取大豆蛋白的首要条件，也是磨浆工序的准备。将清洗好的大豆按1:3的豆水比，浸入0.5%碳酸氢钠水溶液中。加入碳酸氢钠的作用是钝化脂肪氧化酶的活性，改善豆乳风味；同时，软化细胞组织，降低磨浆时的能耗，提高胶体分散度，缩短浸泡时间，提高均质效果，增加蛋白质的吸收率。根据季节温度的变化，调节浸泡时间，夏季8~10 h，冬季16~20 h。应随时检查浸泡情况，确定浸泡程度，浸泡时间过短或过长都会影响豆乳的质量。应以水面上有少量泡沫，豆皮平滑胀紧，将豆粒搓成两瓣后，子叶表面平滑，中心部位与边缘色泽一致，沿横向剖面易于断开为准。浸泡后的大豆应沥干备用。这时大豆增重2.0~2.2倍。

3) 脱皮

脱皮是豆乳生产中的一个重要工序。脱皮不仅可以去除大豆表面所污染的杂质，减少细菌，而且可以去除胚轴及皮的涩味（胚轴具有苦味、收敛味，可抑制起泡性），改进豆乳风味及缩短灭酶所需要的加热时间，因而，脱皮可以减少蛋白质变性和防止褐变，限制豆乳加工中泡沫的生成，减少对豆乳质量的影响。脱皮率一般要求为80%~90%。

大豆原料净化和去皮的主要设备包括磨碎机（最简单的脱皮方法是用凿纹磨将整粒豆分为两瓣）和各种分离与集尘装置（如旋风分离器、筛分机、风选机、布袋除尘等），根据要求合理选用。脱皮时应调节磨片之间的间隙，以能将多数大豆分成2~4瓣为宜，应避免使豆粒过于破碎,否则易使油脂在脂肪氧化酶的作用下氧化,产生豆腥味。大豆脱皮的重量损失一般在15%左右,同时,脱皮大豆需及时加工。

4) 灭酶与去豆腥味

破坏酶活力也是制造豆乳的重要工序。生豆中的酶在豆乳制造中会产生豆腥味、苦味、涩味等,影响豆乳风味;有时还影响人体消化,产生毒性分解物。这些酶一般通过加热处理失去活性。目前,破坏酶活力的方法主要有以下几种。

(1) 干热法。干热法破坏酶活力是将大豆脱皮压扁,在挤压式加热膨化装置中用蒸汽和加压方法灭酶和清除抗营养因子。在常压下膨化,使豆的组织软化,然后粉碎。另一种方法是轻度烘烤,但如果大豆心部受到加热而表面焦化时,容易产生炒豆粉味。干热处理过的大豆直接磨碎制豆乳,往往稳定性不好,但若在高温下用碱性钾盐进行浸泡处理后,再磨碎制浆,则可以大大提高豆乳的稳定性,阻止沉淀分离。

(2) 热水浸泡法。传统的豆乳制造方法是浸泡,使大豆吸水便于磨浆,同时溶去部分低聚糖。热水浸泡法是用2.5倍量的水,在接近100 ℃下浸泡30 min左右。时间过长,会造成水溶性成分的损失,而且溶出的糖质易发生褐变。为提高大豆固形物的回收率,应适当控制浸泡时间。在浸泡过程中添加碳酸钠、碳酸氢钠、氢氧化钠等碱性物质,可减少豆腥味,同时也可降低大豆低聚糖的含量。

(3) 热磨法。热磨法又称康奈尔法,是美国康奈尔大学发明的抑制和钝化脂肪氧化酶活力的良好方法,浸泡或未浸泡的圆粒大豆用90~100 ℃的高温水磨浆,并保温10 min,可以消除豆腥味。这一方法后来得以改良,即将大豆浸泡在50~60 ℃、含有0.5 mol/L (0.2%)氢氧化钠的溶液中2 h,用清水洗净后,边加热水边磨浆,可以显著改善豆乳风味和口感。目前该法已得到广泛应用。

(4) 脱氧水磨法。在煮沸水中排除氧气以防氧化,与热磨法相似。

(5) 蒸煮法。与热水浸泡法相似,美国伊利诺伊大学Nelson等发明的蒸煮法是将脱皮大豆煮沸30 min,以钝化脂肪氧化酶的活力,在煮沸水中可加入0.25%碳酸氢钠以加强作用。另一蒸煮法是将脱皮大豆加热至80 ℃,并保持5 min。

以上各种去除酶活力的方法可以根据生产规模及后续制造工序的情况加以选用。

5) 磨碎与分离

轻度烘烤与干热灭酶的大豆比蒸煮或浸泡的大豆质硬,如果在未冷却以前磨碎,由于大豆软化和浸泡豆一样能简单磨碎。传统磨浆法豆水比一般为1:7左右,豆乳中固形物含量为6.5%~11.5%,固形物回收率为40%~55%。为了提高固形物的提取率,可以采用二次磨浆法。两次磨浆最好选用不同的磨浆机。

6) 调制

豆乳通过调配,可以调制成各种风味的豆乳产品,有助于改善豆乳的稳定性和质量。

(1) 添加甜味料。调制豆乳的加糖量一般为6%~8%。为了防止加热杀菌时发生褐变,添加的糖应避免使用与氨基酸容易结合的单糖类和混合糖,最好用甜味温和的双糖类(主要为白砂糖),同时可以使用淀粉糖和非营养型甜味剂。

(2) 添加脂肪。豆乳中加入油脂可以改善口感和色泽,油脂添加量在1.5%左右,一般选用不饱和脂肪酸、亚油酸和维生素E含量高的油脂。这种油脂熔点低、流动性好,但容易被氧化,易上浮形成"油圈",使用时需要加乳化剂进行乳化。豆乳中原本含有卵磷脂,而且大豆蛋白质主要是容易乳化的球蛋白,因此,调制液可不用水而用豆乳直接调制,当调制液浓度为3%左右时可以避免使用乳化剂。

(3)添加稳定剂。豆乳是以水为分散介质,以大豆蛋白和大豆油脂为主要分散相的乳浊液,具有热力学不稳定性,需要添加乳化剂以提高豆乳乳化稳定性,防止脂肪析出和上浮。豆乳中使用的乳化剂以蔗糖脂肪酸酯、单甘酯和卵磷脂为主。

豆乳的乳化稳定性不但与乳化剂有关,还与豆乳本身的黏度等因素有关。因此,良好的乳化剂常配合使用一定的增稠稳定剂和分散剂。豆乳中常用的增稠稳定剂有羧甲基纤维素钠、海藻酸钠、明胶、黄原胶等,其添加量为0.05%~0.1%。常使用的分散剂有磷酸二钠、六偏磷酸钠、三聚磷酸钠和焦磷酸钠,其添加量为0.05%~0.3%。

(4)添加营养强化剂。虽然豆乳的营养价值很高,但也有一些不足之处。豆乳中最常增补的无机盐是钙盐,即碳酸钙。由于碳酸钙溶解度低,宜均质处理后添加,避免碳酸钙沉淀。生产时可用一台小型均质机预先加以均质,增加乳化效果。

(5)添加香味料。虽然大多数人可以适应豆腥味,但仍有很多人,尤其是儿童和青少年对其不适应。因此,除了采用一些措施尽量减少豆腥味外,常使用香味料来提高豆乳的风味。乳味豆乳是市场上最普遍的豆乳品种,也容易被人们接受。豆乳生产一般使用香兰素进行调香,可得乳味鲜明的豆乳。当然,最好使用乳粉或鲜乳。乳粉使用量一般为5%左右(占总固形物),鲜乳为30%左右(占成品)。欧美国家的豆乳中常使用可可、果味香料来生产可可、果汁豆乳饮料。

7)杀菌

豆乳的加热杀菌既要杀灭豆乳中的微生物,还要破坏酶类,消除豆腥味和涩味,同时还要使大豆蛋白质不变性。主要使用超高温的板式或管式杀菌机,进行120~140℃、1 min左右的杀菌处理。

8)脱臭、均质

脱臭、均质是豆乳生产的核心工序,是决定产品最终质量的关键。

(1)脱臭。脱臭的主要目的是去除加热过程中产生的和前处理过程中留下的不愉快味道。方法是将前一工序所得的热豆乳喷入真空脱臭罐中,由于压力骤然降低,部分水分瞬间蒸发,从而将带有豆腥味和其他异味的蒸汽迅速排出;同时由于水分迅速蒸发时吸收冷凝热,使豆乳迅速降温(80℃以下),可使蛋白质避免加热时间过久而产生热变性,从而避免因豆乳加热时间过长产生的加热臭和褐变。此外,脱臭还可以防止豆乳气泡的溢出,脱臭豆乳可以与多种香味调和,易于加香。

一般采用真空脱臭法,控制真空度在26.7~40 kPa为佳,不宜过高,否则会使气泡加剧,使豆乳与蒸汽一起排出,造成产品损失。脱臭时温度一般在75℃以下,这一温度对豆乳以后的乳化和均质也是适合的。脱臭宜采用大型真空罐。

(2)均质。均质处理可以提高豆乳的口感和稳定性,增加产品的乳白度。豆乳在高压下从均质阀的狭缝中压出,油滴、蛋白质等粒子在剪切力、冲击力与空穴效应的共同作用下细微化,形成稳定良好的乳状液。

豆乳均质的效果取决于均质的压力、物料的温度和均质次数。均质压力越大，效果越好，但均质压力受设备性能的限制，生产中常用 20~25 MPa 的均质压力；均质时物料的温度越高，效果越好，一般将物料的温度控制在 80~90 ℃为宜；均质次数越多，效果越好。从经济和生产效率的角度出发，生产中一般选用两次均质法。

均质工序可以位于杀菌之前，也可以位于杀菌之后。杀菌之前均质会因加热引起脂肪游离，使混合物不能完全均质，同时豆乳在高温杀菌时，会引起部分蛋白质变性，产品杀菌后会有少量沉淀存在；杀菌之后均质，会使豆乳的稳定性高，但需要采用无菌型均质机或无菌包装系统，以防杀菌后的二次污染。

9）包装

豆乳营养丰富，很容易受到微生物的污染而变质，因此除了以散装形式供应或销售外，豆乳均需要以一定包装形式供应市场。

欧洲约有一半的牛乳采用 1 L 的包装，这是采用超高温（ultra high temperature，UHT）工艺的无菌包装形式。只要加强微生物管理，豆乳采用 1 L 的包装也是完全可以的。由于豆乳来自原料的耐热性细菌显著多于牛乳，牛乳的 UHT 杀菌工艺不能照搬用于物理性质不同的豆乳，而且豆乳流通环境比牛乳差，因此豆乳产品更应加强质量管理，对生产线各工序均需要进行无菌状态检查。实验证明，包装产品中 95%的污染源是包装密封不完全造成的。包装体内气体的产生是由于大肠埃希菌混合菌群以非常快的速度增生，主要影响因素包括包装材料、豆乳黏性、气泡和品温等。

10）二次杀菌与冷却

如果均质后采用的是无菌充填灌装工艺，则不再进行二次杀菌处理。对于非无菌灌装豆乳，为使产品在室温下长期保存，必须使包装后的豆乳处于商业无菌状态。因此，豆乳在灌装密封后需要进行二次杀菌。采用二次杀菌工艺的豆乳需要使用耐热处理的包装容器，如玻璃瓶、金属罐、蒸煮袋。二次杀菌是为了提高豆乳饮料的保藏性，但对豆乳饮料质量来说却是不利的。

冷却时需要加反压以防止冲盖爆袋。使用的设备一般为卧式杀菌锅。

超高温瞬时灭菌是将豆乳加热至 130~138 ℃，经过十几至数十秒灭菌，然后迅速冷却和无菌包装。该方法可以显著提高豆乳的稳定性和口感，是近年来豆乳生产日渐广泛采用的方法。

11）冷藏

冷藏适合储藏期短的产品。

3. 影响豆乳质量的因素及防止措施

1）豆乳的稳定性

影响豆乳稳定性的因素有很多，主要有浓度、黏度、粒度、pH 值、电解质、微生物及工艺条件等。针对以上原因，在蛋白质饮料生产过程中，用于提高乳化稳定性的方法有均质处理、使用乳化剂、使用增稠剂、添加糖（如蔗糖）、除去金属离子等。

2）异味的产生及控制

（1）豆腥味。脂肪氧化酶是豆腥味产生的关键所在。目前较好的钝化酶方法大致有远红外加热、磨浆后超高温瞬时杀菌、调节 pH 值（通常调整 pH 值可降低酶的活性，pH 值为 3.0~4.5 和 7.2~9.0 时，脂肪氧化酶的活性比较低。在大豆浸泡时，一般使用碳酸钠和碳酸氢钠调整碱液 pH 值至 9.0，既有助于抑制脂肪氧化酶活性，又有利于大豆组织结构的软化，使蛋白质的提取率提高）、酶法（蛋白质分解酶、醛脱氢酶、醇脱氢酶）等几种。

（2）苦涩味。豆乳中的苦涩味主要与大豆异黄酮和大豆蛋白质降解产物有关。防止苦涩味的方法是在生产豆乳时尽量避免生成这些苦味物质，如控制蛋白质水解度、添加葡萄糖内酯、控制加热温度和时间及控制溶液 pH 值接近中性等。另外，发展调制豆乳不但可掩盖大豆异味，还可以增加豆乳的营养成分及其新鲜的口感。

（3）生理有害因子。生豆浆或未煮熟的豆浆会引起中毒，这是因为大豆中存在胰蛋白酶抑制因子、大豆凝集素、大豆皂苷及棉子糖、水苏糖等低聚糖类。胰蛋白酶抑制因子可抑制胰蛋白酶的活力，大豆凝集素能使红细胞凝集，大豆皂苷则有溶血作用，低聚糖会引起胀气。

大豆凝集素属于蛋白类，大豆皂苷则属于糖类，它们均不耐热，加热可使它们破坏或变性。胰蛋白酶抑制因子属于蛋白类，热处理可使其失活，但在处理时应注意其最佳失活条件，否则会影响产品质量或影响胰蛋白酶抑制剂的失活效果。热处理过度会使豆乳营养价值下降，产生焦味或褐变。

（4）胀气变质。有的豆乳产品很容易出现变质、发臭、发酸、水乳分层，以及打开盖后有气冲出的现象。这往往是由微生物引起的，污染菌多为革兰氏球菌、短杆菌等。其主要原因是：原料污染严重，如大豆脱皮率较低；生产管道残存微生物多、环境不清洁，杀菌强度低。

避免胀气变质的方法：要求脱皮率高于 80%，每天用酸、碱清洗管道，提高杀菌强度，杀菌温度为 12 ℃，时间为 15~20 min。

（5）口感不佳。口感不佳的豆乳，组织粗糙，食用时口腔和喉咙均有不适感，产品的稳定性差。防止口感不佳的方法：将大豆磨碎到一定细度后，进行均质处理。同时均质时应注意选择合适的温度和压力，并相互结合。为了得到具有更好口感的豆乳，在生产中应进行两次均质处理，可有效地改善豆乳的口感。

（6）褐变。由于生产中加入的糖，豆乳经二次杀菌高温处理会因为美拉德反应而出现褐变。豆乳经脱臭、杀菌、均质后，冷却到 30 ℃ 左右时加入糖，再灌装进行二次杀菌；少加糖或采用不参与褐变反应的甜味剂代替蔗糖，或控制二次杀菌时的温度、时间及采取反压降温等措施，均可减少褐变反应，保证产品品质。

（三）食品绿色椰子汁饮料的加工

1. 椰子的营养成分与加工特性

椰子别名乳桃，是棕榈科植物椰子树的果实，椰子树为重要的热带木本油料作物。椰子原产于亚洲东南部、中美洲，在我国南方的很多省区也有栽培，其中以海南省的椰子最为著名，椰子已成为海南的象征，海南岛更被誉为"椰岛"。椰子果实为植物中最大核果之一，呈圆形、三棱形（小量），由外果皮、中果皮、种皮、椰肉（固体胚乳）、椰水（液体胚乳）、胚组成。椰子多汁，油脂丰润，富含营养。椰子的营养价值成分丰富，中医认为，椰肉味甘，性平，具有补益脾胃、杀虫消疳的功效；椰汁味甘，性温，有生津、利水等功能，是药食两用的佳品。

2. 加工工艺流程

椰子汁由椰子的果肉经过浸泡后磨浆制取，也可以经压榨、部分脱油后粉碎取浆制取。它是一种乳浊型蛋白饮料，其浸泡磨浆工艺流程如下所示。

选择椰子→去皮、破壳→取肉→浸泡、磨浆→过滤→调配→高温杀菌→均质→罐装→压盖→二次杀菌→检验→成品。

（四）加工要点

1. 选择椰子

符合生产要求。

2. 剥壳取肉

一般剖食椰子的方法是用利刃剖开其表皮，用力撕拉椰衣，将露出的球状坚果冲洗后，用竹筷等尖锐物戳破果壳顶部两个芽眼，便可以吸出或倒出椰汁，然后将椰壳一分为二，椰肉附着在壳壁上，呈白色乳脂状，质脆润滑，入口清香，可用特制刀将其白色椰肉刮下。

3. 浸泡、磨浆和过滤

椰肉漂洗后浸于 60～80 ℃的热水中 10～20 min，浸泡后破碎果肉并磨浆。磨浆时加水量为椰肉量的 2.5～3.0 倍。采用 60～80 ℃ 热水磨浆法，可以进行粗磨和细磨两次磨浆。热水浸泡和两次磨浆可以提高椰子蛋白质的提取率。椰肉磨细粒径要适当，粒径过大会影响蛋白质提取率，粒子过小又不利于过滤。磨浆后两次过滤，筛网分别为 100 目和 200 目，也可以采用离心过滤。椰蓉（椰渣）可以用水冲洗后回收其中残留的水溶性蛋白质。

4. 调配

在过滤椰子汁中添加甜味料、乳化剂和稳定剂等添加剂。

使用白砂糖，用量为 6%～10%，也可将阿斯巴甜、甜菊糖苷等甜味剂复合使用。乳化剂和稳定剂可分别用 4～5 倍的热水，在 60～70 ℃下搅拌 3～5 min 后按先后顺序加入椰子汁中并不断搅拌 3～5 min。为防止 pH 值接近其等电点，可适当加入一些 pH 值调节剂。

目前市面的椰子汁品牌中，很多种情况下除了加白砂糖外，未加任何添加剂。

5. 脱气与均质

脱气真空度为 67～80 kPa，均质压力为 18～20 MPa，椰子汁温度为 60～75 ℃。

6. 灌装与杀菌

均质后将椰子汁加热至 85~95 ℃，进行巴氏消毒，趁热灌装，密封后再进行二次杀菌和冷却。

二、果蔬汁的绿色加工

（一）概述

1. 果蔬汁的概念

果蔬汁包括果汁和蔬菜汁。以新鲜果品和蔬菜为原料，经挑选、分级、洗涤、取汁，再经过滤、装瓶、杀菌等工序制成的汁液称为果蔬汁，也称为"液体水果或蔬菜"。

以果蔬汁为基料，添加糖、酸、香料和水等物料调配而成的汁液称为果蔬汁饮料。

2. 果蔬汁饮料的分类

根据《饮料通则》（GB/T 10789—2015），按原料或产品的性状，对果蔬汁及其饮料产品的分类进行了如下具体规定。

1）果汁（浆）和蔬菜汁（浆）

采用物理方法将果蔬加工制成可发酵但未发酵的汁（浆）液，或在浓缩果汁（浆）或浓缩蔬菜汁（浆）中加入果汁（浆）或蔬菜汁（浆）浓缩时失去的等量的水，复原而成的制品。可以使用食糖、酸味剂或食盐调整果汁、蔬菜汁的风味，但不得同时使用食糖和酸味剂调整果汁的风味。基本技术要求：具有原水果果汁（浆）和蔬菜汁（浆）的色泽、风味和可溶性固形物含量（为调整风味添加的糖不包括在内）。

2）浓缩果汁（浆）和浓缩蔬菜汁（浆）

采用物理方法从果汁（浆）或蔬菜汁（浆）中除去一定比例的水分，加水复原后具有果汁（浆）或蔬菜汁（浆）应有特征的制品。基本技术要求：可溶性固形物含量和原汁（浆）的可溶性固形物含量之比大于 2。

3）果汁饮料和蔬菜汁饮料

果汁饮料是指在果汁（浆）或浓缩果汁（浆）中加入水、食糖和（或）甜味剂、酸味剂等调制而成的饮料，可加入柑橘类的囊胞（或其他水果经切细的果肉）等果粒。基本技术要求：果汁（浆）含量（质量分数）大于 10%，如橙汁饮料、菠萝汁饮料、苹果汁饮料等。

蔬菜汁饮料是指在蔬菜汁（浆）或浓缩蔬菜汁（浆）中加入水、食糖和（或）甜味剂、酸味剂等调制而成的饮料。基本技术要求：蔬菜汁（浆）含量（质量分数）大于 5%。

4）果汁饮料浓浆和蔬菜汁饮料浓浆

在果汁（浆）和蔬菜汁（浆）或浓缩果汁（浆）和浓缩蔬菜汁（浆）中加入水、食糖或甜味剂、酸味剂等调制而成，稀释后方可饮用的饮料。基本技术要求：按标签标示的稀释倍数稀释后，其果汁（浆）和蔬菜汁（浆）含量不低于对果汁饮料和蔬菜汁饮料的规定。

5）复合果蔬汁（浆）及饮料

含有两种或两种以上果汁（浆）或蔬菜汁（浆），或果汁（浆）和蔬菜汁（浆）的制品为复合果蔬汁（浆）。基本技术要求：应符合调兑时使用的单果汁（浆）和蔬菜汁（浆）的指标要求。

含有两种或两种以上果汁（浆）或蔬菜汁（浆），或其混合物并加入水、食糖和（或）甜味剂、酸味剂等调制而成的饮料为复合果蔬汁饮料。基本技术要求：复合果汁饮料中果汁（浆）总含量（质量分数）大于 10%；复合蔬菜汁饮料中蔬菜汁（浆）总含量（质量分数）大于 5%；复合果蔬汁饮料中果汁（浆）和蔬菜汁（浆）总含量（质量分数）大于 10%。

6）果肉饮料

在果浆或浓缩果浆中加入水、食糖和（或）甜味剂、酸味剂等调制而成的饮料。基本技术要求：果浆含量（质量分数）大于 20%。

含有两种或两种以上果浆的果肉饮料称为复合果肉饮料。

7）发酵型果蔬汁饮料

水果、蔬菜或果汁（浆）、蔬菜汁（浆）经发酵后制成的汁液中加入水、食糖和（或）甜味剂、食盐等调制而成的饮料。基本技术要求：按照相关标准执行。

8）水果饮料

在果汁（浆）或浓缩果汁（浆）中加入水、食糖和（或）甜味剂、酸味剂等调制而成，但果汁含量较低的饮料，如橘子饮料、菠萝饮料、苹果饮料等。基本技术要求：果汁含量（质量分数）为 5%～10%。

9）其他果蔬汁饮料

除上述八类以外的果汁和蔬菜汁饮料。基本技术要求：按照相关标准执行。

（二）食品绿色果蔬汁及其饮料加工的基本流程

虽然果蔬原料和产品多种多样，但生产果蔬汁饮料的基本原理和过程大致相同。一般包括原料选择、原料拣选与清洗、预处理、取汁、粗滤、澄清与过滤、均质与脱气、浓缩、调配、杀菌与包装等工艺过程，如下所示。

原果蔬汁→取汁（压榨、浸提或打浆）→预处理→原料澄清→过滤→调配→灌装→杀菌→冷却→澄清型果汁饮料。

原果蔬汁→取汁（压榨、浸提或打浆）→预处理→原料均质、脱气→调配→灌装→杀菌→冷却→混浊型果汁饮料。

原果蔬汁→取汁（压榨、浸提或打浆）→预处理→原料浓缩→调配→装罐→杀菌（浓缩果蔬汁）。

1. 原料选择

果蔬加工用水、辅料及食品添加剂应符合国家标准规定。

2. 原料拣选与清洗

拣选的目的是挑出腐败的、破碎的和未成熟的水果或蔬菜及混在果蔬原料中的异物。原料的拣选一般在输送带上手工进行。清洗的目的是除去水果原料表面的泥土、微生物、农药及其他有害物质，以保证果蔬汁的质量。生产中常需要对果蔬原料进行多次清洗。

3. 预处理

含果汁丰富的果实，大多采用压榨法提取果汁；含汁液较少的果实，可采用浸提的方法提取汁液。为了提高出汁率和果蔬汁的质量，取汁前通常要进行破碎、加热、加酶等预处理。某些果蔬原料根据要求还要进行去梗、去核、去籽或去皮等处理。

1) 原料的破碎

果蔬汁都存在于果蔬组织细胞中，只有打破细胞壁，细胞中的汁液和可溶性固形物才能出来，加之果肉破碎后，果块较小，果肉组织外露，可为榨汁做好准备。因此，取汁之前必须对果蔬进行破碎处理，以提高原料的出汁率，特别是对于果皮较厚、果肉致密的果蔬，破碎处理尤其重要。

果蔬的破碎程度直接影响出汁率。如果破碎粒度太大，榨汁时汁液流速慢，会降低出汁率；如果破碎粒度太小，在压榨时外层的果汁很快被榨出，形成一层厚皮，使内层果汁流出困难，也会影响汁液流出的速度，降低出汁率，同时汁液中的悬浮物较多，不易澄清。

2) 加热处理

由于在破碎过程中和破碎以后果蔬中的酶被释放，酶的活性大大增加，特别是多酚氧化酶会引起果蔬汁色泽的变化，对果蔬汁加工极为不利。加热可以抑制酶的活性，使果肉组织软化，使细胞原生质中的蛋白质凝固，改变细胞膜的半透性，使细胞中可溶性物质容易向外扩散，有利于果蔬中可溶性固形物、色素和风味物质的提取。适度加热可以使胶体物质发生凝聚，使果胶水解，降低汁液的黏度，从而提高出汁率。

3) 酶法处理

榨汁时果实中果胶物质的含量对出汁率影响很大。果胶含量少的果实容易取汁，而果胶含量高的果实如苹果、樱桃、猕猴桃等，由于汁液黏度较大，榨汁比较困难。果胶酶可以有效地分解果肉组织小的果胶物质，使汁液黏度降低，容易榨汁过滤，缩短挤压时间，提高出汁率。

添加果胶酶制剂时，要使之与果肉均匀混合，可以在果蔬破碎时，将酶液连续加入破碎机中，使酶能均匀分布在果浆中；也可以用水或果汁将酶配成1%~10%的酶液，用计量泵按需要量加入。处理时要合理控制加酶量、酶解时间与温度。果胶酶制剂的添加量一般为果蔬浆质量的0.01%~0.03%，酶反应的最佳温度为45~50 ℃，反应时间为2~3 h，若用量不足或时间过短，则果胶分解不完全，达不到目的，反之则分解过度。酶作用时的温度不仅影响分解速度，而且影响产品质量。具体处理的方法如下。

把一定数量的酶制剂加入果浆泥中，在室温下处理6~12 h，缩短室温下的酶处理时间，然后迅速加热到80 ℃，保温10 min，趁热榨汁。这样能使果胶分解，获得令人满意的出汁率。

4. 取汁

果蔬的液体成分包含在它的组织细胞中，细胞的外围是一层由纤维素、半纤维素和果胶等物质组成的细胞壁，细胞壁内是原生质。在预处理过程中通过破碎、加热等操作破坏原生质的生理功能，使果蔬细胞中的汁液及可溶性物质渗透到细胞外面。但要分离出汁液，必须使细胞进一步破裂，施加压力分离或使其进入浸汁中。生产上通常采用压榨取汁。对于果汁含量少、取汁困难的原料，可采用浸提法取汁。

1) 榨汁

利用外部的机械挤压力，将果蔬汁从果蔬或果蔬浆中挤出的过程称为榨汁。因为果蔬原料种类繁多，制汁性能各异，所以制造不同的果蔬汁应根据果实的结构、果汁存在的部位及其成品的品质要求而采用不同的方法。大多数水果，其果汁包含在整个果实中，一般通过破碎就可榨取果汁，但某些水果如柑橘类果实和石榴果实等，都有一层很厚的外皮。榨汁时外皮中的不良风味和色泽的可溶性物质会一起进入果汁中，同时柑橘类果实外皮中的精油含有极容易变化的苎萜，容易生成萜品类物质而产生萜品臭，果皮、果肉和种子中存在柚皮苷和柠檬碱等导致苦味的化合物。为了避免上述物质大量地进入果汁中，这类果实不宜采用破碎压榨的取汁法，而应采用逐个榨汁的方法。石榴皮中含有大量单宁物质，应先去皮再进行榨汁。

果实的出汁率取决于果实的种类、品种、质地、成熟度、新鲜度、加工季节、榨汁方法和榨汁机的效能等。从一定意义上说，它既反映果蔬自身的加工性状，也体现加工设备的压榨性能。目前，国内外通常采用的计算公式为

出汁率＝（榨出的汁液质量/被加工的水果质量）×100%

不论采用何种设备和方法进行果实的破碎和榨汁，均要求工艺过程短、出汁率高，以最大限度地防止和减轻果蔬汁的色、香、味和营养成分的损失。

在榨汁过程中，为改善果浆的组织结构、提高出汁率或缩短榨汁时间，往往使用一些榨汁助剂，如稻糠、硅藻土、珠光岩、人造纤维和木纤维等；榨汁助剂的添加量取决于榨汁设备的工作方式、榨汁助剂的种类和性质，以及果浆的组织结构等。例如，压榨苹果时，添加量为0.5%～2%，可提高6%～20%的出汁率。使用榨汁助剂时，必须使其均匀地分布于果浆中。

2) 浸提

对一些汁液含量较少，难以用压榨方法取汁的水果原料如山楂、梅、酸枣等需采用浸提取汁，对于像苹果、梨等通常用压榨法取汁的水果，为了减少果渣中果胶物质的含量，有时也用浸提法取汁。浸提汁色泽明亮，易于澄清处理，氧化程度小，微生物含量低，芳香成分含量高，适于生产各种果汁饮料。

浸提是把水果细胞内的汁液转移到液态浸提介质中的过程，依据扩散原理，利用果蔬原料中的可溶性固形物含量与浸汁（溶剂）之间存在浓度差，使果蔬细胞中的可溶性固形物就会透过细胞进入浸汁中。

影响浸提效果的主要因素有加水量、浸提温度、浸提时间、果实压裂程度等。以山

楂为例，浸提时的果水质量比一般以 1：（2.0~2.5）为宜。确定浸提温度主要考虑能使果实细胞的原生质发生变性，破坏原生质膜，打开细胞膜的膜孔，以便可溶性固形物浸提出来，一般选择 60~80 ℃，最佳温度为 70~75 ℃。浸提时间越长，可溶性固形物的浸提越充分，在一般情况下，一次浸提时间为 1.5~2 h，多次浸提总计时间以 6~8 h 为宜。果实压裂后，果肉面积增大，与水接触机会增加，有利于可溶性固形物的浸提。因此，水果在浸提前，需进行破碎处理，且大小适宜。

出汁率与浸提时的加水量有关，加水量越多，出汁率越多，但汁液中的可溶性固形物含量会降低。为了提高浸提率，在浸提时间一定的条件下，出汁量和浸提汁浓度这两个指标应有一个合理和实用的范围。果蔬浸提汁不是果蔬原汁，是果蔬原汁和水的混合物，这是浸提和压榨取汁的根本区别。

3）打浆

打浆这种方法适用于果蔬酱和果肉饮料的生产。果蔬原料中果胶含量较高、汁液黏稠、汁液含量低，压榨难以取汁，或者是因为通过压榨取得的果汁风味比较淡，需要采用打浆法。果肉饮料都是采用这种方法，如草莓汁、芒果汁、桃汁、山楂汁等。果蔬原料经过破碎后，需要立即在预煮机中进行预煮，以钝化果蔬中酶的活性，防止褐变，然后进行打浆。

5. 粗滤

果蔬原料经过破碎和榨汁所得到的果蔬汁，其中果肉含量为 1%~3%，此外还含有一定数量的果肉纤维、种子、果皮和其他悬浮物，是一种粗果蔬汁，这些悬浮物不仅影响果蔬汁的外观和风味，而且还易使果蔬汁变质。对于生产混浊型果蔬汁，必须在保存果蔬汁的色泽、风味和香味特性的前提下，除去分散在果汁中的大颗粒或悬浮粒，这一过程称为粗滤或筛滤。它可以在榨汁过程中进行，也可以单独进行。对于清亮或透明型果蔬汁，在粗滤之后还要精滤，以尽量除去全部悬浮粒。

粗滤可在榨汁过程中进行或单机操作。粗滤设备一般为筛滤机，有水平筛、回转筛、圆筒筛、振动筛等。此类粗滤设备的滤孔大小约为 0.5 mm。

6. 澄清与过滤

1）澄清

生产果蔬汁，除了粗滤外，还必须通过澄清和过滤，除去新鲜榨出汁中的全部悬浮颗粒和容易产生沉淀的胶粒。果蔬汁生产中常用的澄清方法有以下几种。

（1）自然沉降澄清法。将破碎压榨出的果汁置于密闭容器中，经过一定时间的静置，使悬浮物沉淀，且使果胶质逐渐水解而沉淀，从而降低果汁的黏度。在静置过程中，蛋白质和单宁也可逐渐凝聚成不溶性的物质而沉淀，所以经过长时间静置可以使果汁澄清。但果汁经长时间的静置，易发酵变质，因此必须加入适当的防腐剂或在 1~2 ℃ 的低温条件下保存。此法常用于亚硫酸保藏果汁半成品的生产中，也可用于果汁的预澄清处理，以减少精制过程中的沉渣。

（2）加酶澄清法。加酶澄清法是利用果胶酶、淀粉酶等来分解果汁中的果胶物质和淀粉等，使果蔬汁中的胶体失去果胶的保护作用而沉淀下来，以达到澄清目的。

大多数果汁中含有0.2%～0.5%的果胶物质，会使果汁混浊不清，特别是果胶还能裹覆在许多混浊物颗粒表面而阻碍果汁的澄清。使用果胶酶可使果汁中果胶物质降解，使果汁中其他物质失去果胶的保护作用而共同沉淀，达到澄清的目的。使用果胶酶的用量一般为0.01%～0.05%，反应温度通常控制在50～55 ℃。反应的最佳pH值因果胶酶种类不同而异，一般在弱酸性条件下进行，最适pH值为3.5～5.5，作用时间取决于果蔬汁的种类、作用温度、酶制剂的选择和用量，一般要45～120 min。酶制剂可直接加入榨出的新鲜果汁中，也可在果汁加热杀菌后加入。榨出的新鲜果汁未经加热处理，直接加入酶制剂，这样果汁中的天然果胶酶可起协同作用，使澄清速度加快。有些水果中氧化酶活性较高，鲜果汁在空气中存放易氧化而产生褐变，可将果汁经80～85 ℃短时加热灭酶，冷却至55 ℃以下再进行酶处理。生产中为了达到良好的澄清效果，常将果胶酶与明胶结合使用。

（3）明胶单宁澄清法。此法系利用单宁与明胶络合成不溶性的鞣酸盐而沉淀的原理来澄清果汁。压榨出的新鲜果汁本身就含有少量的单宁，单宁与明胶或鱼胶、干酪素等蛋白质物质可形成明胶单宁酸盐络合物，随着络合物的沉淀，果汁中的悬浮颗粒被缠绕而随之沉淀。此外，果汁中的果胶、纤维素、单宁及多缩戊糖等带有负电荷，在酸性介质中明胶带正电荷，正负电荷中和，从而破坏果蔬汁稳定，凝结沉淀，也可使果汁澄清。

（4）冷冻澄清法。冷冻可改变胶体的性质，在解冻时破坏胶体而形成沉淀。将果蔬汁置于−4～−1 ℃的条件下，冷冻3～4 d，解冻时可使悬浮物形成沉淀，故雾状混浊的果汁经冷冻后容易澄清。这种作用对于苹果汁尤为明显，葡萄汁、草莓汁和柑橘汁也有这种现象。因此，可以利用冷冻法澄清果汁。

（5）加热凝聚澄清法。将果蔬汁迅速加热到80～85 ℃，保温80～90 s，然后快速冷却至室温。由于温度的骤变，果蔬汁中的蛋白质和其他胶体物质发生变性，凝固并沉淀析出，达到澄清的目的。此法简便、效果好，所以应用较为普遍。由于加热时间短，对果汁的风味影响很小。为避免有害的氧化作用，并使挥发性芳香物质的损失降至最低限度，加热必须在无氧条件下进行，一般可采用密闭的管式热交换器或瞬间巴氏消毒器进行加热和冷却。加热澄清法的主要优点是能在果汁进行巴氏消毒的同时进行加热。

（6）超滤澄清法。目前，超滤工艺应用最广泛的是苹果汁澄清工序，可大大简化苹果汁的澄清过程。先将苹果汁在50 ℃酶处理1 h左右，再进行超滤，然后将果汁浓缩到70°Bx。使用超滤法的优点：可以在密闭回路中操作，不会受到氧化影响；可以在不发生相变下操作，挥发性成分损失小；可以实现自动化，果蔬汁产量可提高5%～7%。从成品质量方面看，这是一种理想的果汁澄清法。

2）过滤

果蔬汁澄清后必须进行过滤操作，将果蔬汁中的沉淀和悬浮物分离出来，使果蔬汁澄清透明。果汁中的悬浮物可借助重力、加压或真空使果蔬汁通过各种滤材而过滤除去。常用的过滤设备有袋滤器、纤维过滤器、板框压滤机、真空过滤器、离心分离机等，滤材有帆布、不锈钢丝网、纤维、石棉和硅藻土等，所以果蔬汁中的悬浮物可利用压滤、抽滤和离心分离的方法去除。

7. 均质与脱气

均质和脱气是混浊果蔬汁生产中的特有工序。它是保证果蔬汁稳定性和防止果蔬汁营养损失、色泽变差的重要措施。

1）均质

均质的目的是使混浊果汁中的不同粒度、不同密度的果肉颗粒进一步破碎并使之均匀，同时促进果胶渗出，增加果汁与果胶的亲和力，抑制果汁分层和产生沉淀，使果汁保持均匀稳定。均质一般多用于玻璃罐包装混浊果汁，而马口铁罐包装较少采用，冷冻保藏的果汁和浓缩果汁也无均质的必要。

2）脱气

脱气是为了除去或脱去果蔬汁中的氧气和呼吸作用的产物如二氧化碳等气体。因为它们在果汁加工过程中，能以溶解态进入果汁中或吸附在果肉微粒和胶体的表面，使果汁中的气体含量大大增加，影响果蔬汁的质量，所以需要进行脱气处理。脱除氧气可以减少或避免果汁成分的氧化，减少果汁色泽和风味的变化，防止马口铁罐的腐蚀，避免悬浮粒吸附气体而漂浮于液面，以及防止装罐和杀菌时产生泡沫而影响杀菌效果，保持果蔬汁良好的外观。在脱气过程中由于会导致果汁中挥发性芳香物质的损失，必要时可对芳香物质进行回收，重新加入果汁中。

常用的脱气方法有真空脱气法、气体交换法、酶法脱气和抗氧化剂法等。

8. 浓缩

新鲜果蔬汁的可溶性固体物质含量一般在5%~20%。果蔬汁的浓缩就是从果蔬汁中去除部分水分，使果汁的固形物含量提高到60%~75%。果蔬汁经过浓缩可提高糖度和酸度，增加产品化学稳定性，抑制微生物繁殖。浓缩使果蔬汁的体积缩小至原来体积的1/7~1/6，大大节约储存容器和包装运输费用，并可以满足各种饮料加工用途的需要。在生产浓缩果蔬汁时，应该保留新鲜水果原有的天然风味和营养价值，在稀释和复原时，必须具备与原果汁相似的品质。

1）真空浓缩法

真空浓缩法，即采用真空浓缩设备在减压条件下加热，降低果汁沸点温度，使果汁中的水分迅速蒸发。这样既可缩短浓缩时间，又能较好地保持果汁质量。目前已成为制备各种水果浓缩汁的最重要和使用最为广泛的一种浓缩方法。其操作条件：浓缩温度一般为25~35℃，不宜超过40℃，真空度约为94.7 kPa。这一温度较适合于微生物的繁殖和酶的作用。因此，果汁浓缩前应进行适当的瞬间杀菌和冷却。各类果汁中以苹果汁较耐热，可采取较高的温度进行浓缩，但也不宜超过53℃。

水果中的芳香物质在真空浓缩过程中会有所损失，使制品风味平淡，所以在果蔬汁浓缩前可先将芳香物质提取回收，然后再加回到浓缩后的果蔬汁中。

真空浓缩设备由蒸发器、冷凝器和附属设备等组成。蒸发器是真空浓缩设备的关键组件，主要由加热器和分离器两部分组成。加热器是利用水蒸气为热源加热被浓缩的物料，为强化加热过程，采用强制循环代替自然循环。分离器的作用是将产生的二次蒸汽与浓缩液分离。按加热蒸汽利用次数来分，有单效浓缩设备和多效浓缩设备；按蒸发器中加热器的结构特征来分，有各种管式蒸发器、板式蒸发器、薄膜式蒸发器和离心薄膜蒸发器等。

2）冷冻浓缩法

将果汁进行冻结，果汁中的水即形成冰结晶，分离去这种冰结晶，果汁中的可溶性固形物就得到浓缩，从而得到浓缩果汁。这种浓缩果汁的浓缩程度取决于冰点温度，果蔬汁冰点温度越低，浓缩程度越高。例如，当苹果汁含糖量为10.8%时，冰点为−1.3 ℃，而当含糖量为63.7%时，则冰点为−18.6 ℃。冷冻浓缩的工艺过程可分为3个阶段，即结晶（冰晶的形成）、重结晶（冰晶的成长）、分离（冰晶与液相分离）。

冷冻浓缩法避免了热和真空的作用，没有热变性，不发生加热臭。挥发性风味物质损失极微，产品质量较蒸发浓缩的产品好，尤其是对热敏感的柑橘汁效果最显著。冷冻浓缩中热量消耗少，冻结水所需要的热量约为334.9 kJ/kg，蒸发水所需要的热量为2260.8 kJ/kg，因此，从理论上讲冷冻浓缩工艺的能耗仅是加热蒸发工艺能耗的1/7左右。冷冻浓缩可获得色泽正、风味好、品质优良的果蔬汁，是目前最好的一种果蔬汁浓缩方法。

冷冻浓缩法也有其不足之处，主要表现在以下几点。在浓缩过程中细菌和酶的活性得不到杀灭，浓缩汁还必须再经过热处理或冷冻保藏；冰晶需要与浓液分离，一般果蔬汁黏度越高，分离就越困难，同时冰结晶中会吸入少量的果汁成分，造成果汁成分损失；其效率比蒸发浓缩法差，浓缩浓度不能超过55%；冷冻设备昂贵，运营成本高，生产能力低，产品浓缩度低。这些是制约该工艺广泛应用的主要原因。

3）反渗透浓缩

反渗透技术是一种膜分离技术，是借助反渗透压力将溶质与溶剂分离，被广泛应用于海水的淡化和纯净水的生产中。在果蔬汁工业上可用于果蔬汁的预浓缩，与传统的蒸发法相比，具有以下优点：不需要加热，可在常温下进行分离或浓缩操作，在操作过程中，分离对象的品质变化极小；在密封回路中进行操作，不受氧的影响；在不发生相变的条件下进行操作，挥发性成分损失少；在操作中所需要的能量约为蒸发式浓缩法的1/17，是冻结浓缩法的1/2。因此，此法有利于提高成品质量和节约能源。

4）芳香物质的回收

新鲜果蔬汁具有各种特有的芳香物质，这些芳香物质构成了各种果蔬甚至某个品种特有的、典型的滋味和香味。果蔬汁的芳香物质在蒸发操作中随蒸发而逸散。因此，新鲜果蔬汁进行浓缩后会缺乏芳香，这样就需要将这些逸散的芳香物质进行回收浓缩，加回到浓缩果汁中，以保持原果蔬汁的风味。最好是能把全部逸散的芳香物质回收浓缩，但实际上能回收到果汁中的芳香物质约20%。苹果汁回收8%～10%，黑加仑回收10%～15%，葡萄、香橙回收26%～30%。

芳香物质回收主要采用萃取法和蒸馏法两种。前者是在浓缩前，首先将芳香成分分离回收，然后加回到浓缩果蔬汁中；后者是将浓缩过程中蒸汽进行分离回收，然后加回到浓缩果蔬汁中。果蔬汁芳香物质回收通常采用后一种方法，对采用蒸发工艺分离出的芳香物质，再在精馏塔中用连续逆流蒸馏工艺获得。

9. 调配

有些果蔬汁并不适合消费者的口味，为使果蔬汁符合产品规格要求和改进风味，需要适当调整糖酸比例。除采用不同品种的原料混合配制外，也可以在鲜果蔬汁中加入少量白砂糖和食用酸（柠檬酸或苹果酸）以调整糖酸比例，但调整幅度不能太大，以免失去果蔬汁原有风味。绝大多数果蔬汁成品的糖酸比例一般在（13∶1）～（18∶1）为宜。

许多水果如苹果、葡萄和柑橘等，虽然能单独制得优质的果蔬汁产品，但与其他品种水果适当配合则会更好。不同品种的果蔬汁互相混合可以取长补短，制成品质优良的混合果蔬汁，这也是饮料生产企业不断开发适销对路新产品的途径，混合汁饮料是果蔬汁饮料加工的发展方向。

10. 杀菌与包装

1）果蔬汁的杀菌

果蔬汁的杀菌是指杀灭果蔬汁中存在的微生物（细菌、霉菌和酵母等）或使酶钝化的操作过程。目前，杀菌方法主要有加热杀菌和非加热杀菌（冷杀菌）两大类。由于加热杀菌有可靠、简便和投资小等特点，在现代果汁加工中，仍是应用最普遍的杀菌方法。但加热对果蔬汁的品质有明显的影响，为了达到杀菌目的而又尽可能减少对果蔬汁品质的影响，必须选择适宜的加热温度和时间。各种果蔬汁加热杀菌条件的确定，要根据果蔬汁的种类、pH 值、包装材料、包装容器的大小、工艺条件的不同而定。根据用途和条件的不同分为低温杀菌（巴氏消毒）、高温短时杀菌（high temperature short time pasteurization，HTST）和超高温瞬时杀菌（ultra high temperature sterilization，UHT sterilization）。

果汁通过巴氏消毒（75～85 ℃、20～30 min）可以杀灭导致果汁腐败的微生物和钝化果汁中的酶。由于加热时间太长，果蔬汁的色泽和香味都有较多的损失，尤其是混浊果汁，容易产生煮熟味，现在生产中很少使用。对于 pH 值小于 4.5 的酸性果汁，采用高温短时杀菌，一般杀菌条件为 91～95 ℃，保持 15～30 s。对于 pH 值大于 4.5 的果蔬汁，广泛采用超高温瞬时杀菌，一般杀菌条件为 120～130 ℃，保持 3～10 s。蔬菜汁不仅产品的 pH 值高，而且被土壤中耐热菌污染的机会较多，如芽孢杆菌，杀菌时特别需要注意。目前，无菌包装技术的快速发展，使越来越多的企业采用超高温杀菌工艺对果汁杀菌后进行无菌灌装。

非加热杀菌（冷杀菌）主要是指用紫外线和脉冲电场技术等方法进行杀菌。

由于紫外线的穿透性差和遮蔽效应，一般限于表面杀菌。现采用一种装置，即使用透明的管环绕在一个螺旋线上，利用湍流作用使果蔬汁不断形成一个连续的新表面，从而杀灭微生物。这种方法用于苹果汁、柑橘汁、胡萝卜汁及它们的混合汁的灭菌，都取得了令人满意的结果，而且对果蔬汁的风味无任何影响。

脉冲电场技术是将食品置于一个带有两个电极的处理室中，然后给予高压电脉冲，形成脉冲电场并作用于处理室中的食品，在外加电场的作用下细胞膜压缩并形成小孔，通透性增加，小分子如水透过细胞膜进入细胞内，致使细胞的体积膨胀，最后导致细胞膜破裂，细胞内容物外漏而细胞死亡，使食品得以长期储存。脉冲电场（pulsed electric field，PEF）技术中的电场强度一般为 15~80 kV/cm，杀菌时间非常短，不足 1 s，通常是几十微秒便可以完成。

对于果蔬汁杀菌，只能使果蔬汁中已存在的微生物被杀灭和使酶钝化，而对于杀菌后再次污染的微生物就没有作用了。因此，即使是充分地进行过杀菌，但在杀菌之后若处理不当，仍然不能达到较长期保藏的目的，原则上果蔬汁在灌装之前进行杀菌。

2）果蔬汁的灌装

灌装方法有高温灌装法和低温灌装法两种。高温灌装法是在果蔬汁杀菌后，处于热状态下进行灌装，是利用果蔬汁的热量对容器内表面进行杀菌。若密封性完好，就能继续保持无菌状态。如果采用真空封口，果汁温度可稍低些。由于满量灌装，冷却后果汁容积缩小，容器内形成一定真空度，能较好地保持果汁品质。但是果蔬汁如较长时间处于高温下，会引起品质下降。

低温灌装法是将果蔬汁加热到杀菌温度后，保持短时间，然后通过热交换器快速冷却至常温，甚至冷却至 5 ℃，再将冷却后的果蔬汁进行灌装。这样，热对果蔬汁品质的继续影响很小，可得到优质产品。对于要求长期保藏的产品，采用这种方法进行灌装时，杀菌之后的各种操作应是在无菌条件（满足三个基本条件，即食品无菌、包装材料无菌和包装环境无菌）下进行。果汁饮料的灌装，除纸质容器外，几乎都采用热灌装。

3）果蔬汁的包装

果蔬汁的包装方法因果蔬汁品种和容器种类而有所不同。果蔬汁及其饮料的包装容器经历了玻璃瓶包装→金属罐包装→纸包装→塑料瓶包装的发展过程。目前市面上果蔬汁及其饮料的包装基本上是上述四种形式并存。

玻璃瓶：瓶形较以前有很大不同，设计美观，以三旋盖代替皇冠盖。

金属罐：以三片罐为主，近年来也有在果蔬汁中充氮气的二片罐装果蔬汁。

纸包装：目前提供无菌纸包装的公司有瑞士的利乐（Tetra Pak）公司和美国的国际纸业（International Paper）公司等。纸包装的外形有砖形和屋顶形两种。包装材料由聚乙烯（polyethylene，PE）、纸、PE、铝箔、PE 共五层组成。利乐包是将纸卷在生产过程中先通过杀菌，然后依次完成成形、灌装、密封等程序，而康美包是先预制纸盒，在生产过程中通过杀菌后再完成灌装、密封过程。

塑料瓶：主要有 PET 瓶（指瓶里含有 polyethylene terephthalate）和双轴拉伸聚丙烯瓶。

近年来，塑料、纸材料充当了果蔬汁包装的主角，它们往往应用在使用超高温瞬时灭菌技术和无菌包装技术生产的果蔬汁中。

（三）果蔬汁的败坏

1. 细菌的危害

果蔬汁中常见的细菌有乳酸菌、醋酸菌和丁酸菌。乳酸菌耐二氧化碳，在真空和无氧条件下繁殖生长，其耐酸力强，温度低于 8 ℃时活动受到限制。除产生乳酸外，还有醋酸、丙酸、乙醇等，并产生异味。醋酸菌、丁酸菌等能在嫌气条件下生存，引起苹果汁、梨汁、橘子汁等的败坏，使汁液产生异味，对低酸性果蔬汁具有极大危害。

2. 酵母菌的危害

酵母是引起果蔬汁败坏的重要菌类，可引起果蔬汁发酵产生乙醇和大量的二氧化碳，产生混浊、胀罐现象，甚至会使容器破裂。有时可产生有机酸，分解果实中原有的酸；有时也可产生酯类等物质。

3. 霉菌的危害

霉菌主要侵染新鲜果蔬原料，当原料受到机械伤后，霉菌迅速侵入，造成果实腐烂，霉菌污染的原料混入后易使加工产品产生霉味。这类菌大多数都需要氧，对氧气敏感，热处理时大多数被杀死。它们在果蔬汁中破坏果胶引起果蔬汁混浊，分解原有的有机酸，产生新的异味酸类，使果蔬汁变味。

果蔬汁中所含的化学成分如碳水化合物、有机酸、含氮物质、维生素及矿物质等均是微生物生长活动所必需的，因此在加工中必须采取各种措施，尽量避免微生物污染。在保证果蔬汁饮料质量的前提下，杀菌必须充分，适当降低果蔬汁的 pH 值，有利于提高杀菌效果。

（四）果蔬汁的色泽变化

果蔬汁色泽的变化比较明显，包括色素物质引起的变色和褐变引起的变色两种变化。果蔬汁发生非酶褐变产生黑色物质，使其颜色加深。果实组织中的酶，在破碎、取汁、粗滤、泵输送等加工过程中接触空气，多酚类物质在酶的催化下氧化变色，即果蔬汁发生酶褐变。在金属离子作用下果蔬汁的酶褐变速度更快。果蔬汁加工中应尽量降低受热程度，控制 pH 值小于 3.2，避免与非不锈钢的器具接触，延缓果蔬汁的非酶褐变。生产中除采用减少空气、避免金属离子作用及低温、低 pH 值储藏外，还可添加适量的抗坏血酸和苹果酸等抑制酶褐变，以减少果蔬汁色泽变化。

（五）果蔬汁饮料的混浊与沉淀

1. 澄清果蔬汁的混浊沉淀

引起澄清果蔬汁混浊沉淀的主要原因是加工过程中澄清处理不当、杀菌不彻底或杀菌后微生物再污染。为防止不同果蔬汁的混浊和沉淀，需要根据具体情况采取相应措施。在加工过程中严格澄清和控制杀菌效果，是减轻果蔬汁混浊和沉淀的重要保障。

2. 混浊果蔬汁的沉淀和分层

导致混浊果蔬汁产生沉淀和分层现象的主要原因有果蔬汁中残留的果胶酶水解果胶，使汁液黏度下降，引起悬浮颗粒沉淀；微生物繁殖分解果胶，并产生导致沉淀的物质；加工用水中的盐类与果蔬汁中的有机酸反应，破坏体系的 pH 值和电性平衡，引起胶体及悬浮物质的沉淀；香精的种类和用量不合适，引起沉淀和分层；果蔬汁中所含的果肉颗粒太大或大小不均匀，在重力的作用下沉淀；果蔬汁中的气体附着在果肉颗粒上时，使颗粒的浮力增大，引起果蔬汁分层；果蔬汁中果胶含量少，体系强度低，果肉颗粒不能抵消自身的重力而下沉等。生产上要根据具体情况进行预防和处理，但在榨汁前后对果蔬原料或果蔬汁进行加热处理，破坏果胶酶的活性，严格均质、脱气和杀菌操作，是防止混浊果蔬汁沉淀和分层的主要措施。

（六）果蔬汁饮料的悬浮稳定性问题

果粒果肉饮料中含有明显的果肉颗粒，其对悬浮问题的处理是加工中的一项关键技术。为了增加果粒果肉饮料的悬浮稳定性，生产上可采取一些措施，如使果粒颗粒密度与汁液的密度接近；添加合适的稳定剂增加汁液的强度等。

（七）果蔬汁的农药残留

农药残留主要来自果蔬原料本身，是由于果园或田间管理不善，滥用农药或违禁使用一些剧毒、高残留农药造成的。通过实施良好农业规范（good agricultural practice，GAP），加强果园或田间的管理，减少或不使用化学农药，生产绿色或有机食品，完全可以避免农药残留的发生。果蔬原料清洗时根据使用农药的特性，选择一些适宜的酸性或碱性清洗剂也有助于降低农药残留。

任务实施

实训任务八 食品绿色豆奶饮料制作及其稳定性试验

一、实训目的

熟悉植物蛋白饮料的一般生产过程，理解各操作步骤的要点及作用，重点掌握豆腥味的产生及去腥方法。

了解植物蛋白饮料稳定性的主要影响因素，比较不同稳定剂及其配比、添加量对蛋白饮料的稳定效果，掌握蛋白饮料的稳定性评定方法。

理解蛋白饮料产品质量的感官检验及理化检测。

二、实训要求

（1）对所做豆奶的品质进行评价。

（2）比较不同稳定剂和不同配方对豆奶稳定性的影响。

（3）写出不低于 2000 字的实训综合报告，并写出产品改进方案。

三、原辅材料和仪器

原辅材料：大豆、全脂奶粉、小苏打、白砂糖、单甘酯、蔗糖酯（SE-15）、羧甲基纤维素钠（CMC-Na）、香精、饮料瓶、瓶盖。

仪器：磨浆机、胶体磨、高压均质机、高压灭菌锅、真空脱气机、离心沉淀机、电子天平、温度计、糖量计、不锈钢桶、不锈钢锅、量筒、汤匙、烧杯、药匙。

四、操作步骤

（一）工艺流程

浸泡→磨浆→浆渣分离→脱臭→调配→均质→灌装→密封→杀菌→冷却→检验。

（二）操作要点

1. 浸泡

将大豆浸入常温水中，大豆：水＝1：3，16～20 h（冬季），8～12 h（夏季）；大豆吸水量1：（1～1.2）即增重至2.0～2.2倍。或将除杂后的大豆浸入沸腾的1%小苏打溶液中，豆与溶液比为1：8，再迅速加热至沸腾，保持6 min，取出沥干；再用82 ℃以上的热水冲碱洗豆（要漂洗干净，否则色黄）。

2. 磨浆

浸泡好的大豆洗净沥干后加热水或加 0.1%小苏打溶液（＞90 ℃）磨浆，豆与溶液比为1：（8～10），磨浆时料温始终不得低于82 ℃。

3. 浆渣分离

热浆黏度低，趁热离心分离2000 rpm，5 min，或用8层纱布过滤。

4. 脱臭

真空脱臭26.6～39.9 kPa，或煮浆除部分豆腥味。

5. 调配

白砂糖糖浆的制备（65°Bx）：加水时一定不要过量；刚煮开时注意火候并搅拌，用微火煮沸5 min，趁热过滤，取样冷却后用手持糖量计测糖度。

将全脂奶粉与42 ℃温水按照1：6的比例充分搅拌混匀，搅拌速度不宜过快，防止蛋白质离心沉淀，静置2 h使其充分溶胀。

将稳定剂羧甲基纤维素钠（CMC-Na）与白砂糖粉按照1：5的比例混合均匀，边搅拌边缓慢加入70～80 ℃的热水中，充分分散后静置0.5 h左右使其充分溶胀成2%～3%的胶体溶液；乳化剂单甘酯隔水加热熔化后，加热水（＞80 ℃）溶解；或先溶解在少量热油中，再分散至热水中。乳化剂蔗糖酯直接加热水（＞80 ℃）溶解即可。

按不同的稳定剂、配比及添加量设计三组配方，注意比较其对饮料稳定性的影响。

6. 均质

75～80 ℃，150 kg/cm^2，50 kg/cm^2 二次均质；或75～80 ℃，200 kg/cm^2 一次均质。注意比较两者的均质效果。

7. 灌装、密封

操作方法略。

8. 杀菌

121 ℃，15 min，杀灭致病菌和大多数腐败菌，钝化胰蛋白酶抑制素。

9. 冷却、检验

操作方法略。

五、成品质量要求

外观淡白色或浅黄色，允许有少量脂肪上浮，具有豆奶应有的气味和滋味。

实训任务九　食品绿色椰子汁的制作

一、实训目的
熟悉植物蛋白饮料的一般生产过程，理解各操作步骤的要点及作用。

二、实训要求
（1）查阅相关资料，了解目前市场上椰子汁的发展现状。
（2）对所做产品的理化指标进行检测，结合产品质量指标进行分析评价。

三、原辅材料和仪器
原辅材料：食品绿色椰子、氢氧化钠、白砂糖、柠檬酸、食盐、乳化剂、稳定剂。
仪器：磨浆机、胶体磨、高压均质机、高压杀菌锅、真空脱气机、离心沉淀机、电子天平、温度计、不锈钢桶、不锈钢锅、量筒、汤匙、烧杯、药匙。

四、操作步骤
（一）工艺流程
椰子破壳、取水、刮丝、烘干→磨浆和分离→配料→均质→灌装→压盖→杀菌。

（二）操作要点

1. 椰子破壳、取水、刮丝、烘干

将成熟的椰子洗净后，沿中部剖裂，使椰水流出，椰水收集后过滤备用。将椰子分裂成两块，用特制的带齿牙刮丝器刮出椰肉，使之成为疏松的椰肉，然后摆盘放入烘干机中，控制温度在 70~80 ℃，烘干成具有浓郁椰香的干丝，储存备用。

2. 磨浆和分离

将自来水经净水器过滤后，再流经快速热水器升温至 70 ℃，在热水罐中配入 0.04% 氢氧化钠，搅拌，按椰丝：水＝1：10（质量比）将椰丝和热水搅拌均匀，放入砂轮磨中磨浆。椰浆经第一台浆渣分离机的 120 目筛分离，然后再用第二台分离机 180 目分离得头道汁，椰渣可加入少量热水过滤得二道汁。将头道汁、二道汁混合，入储罐备用。

3. 配料

白砂糖用夹层锅煮溶，制成浓度 50% 的浓糖浆，经过滤机过滤后备用。打开储罐出料阀，让椰汁下流至配料罐，将滤净的椰水按 10% 配入并定容，然后加柠檬酸调整 pH 值为 6~7，再加入 18% 白砂糖、0.05% 食盐、0.2% 乳化剂，加入适量稳定剂，加热到 80 ℃，再加入少量香精（或不加）。

4. 均质

两级均质，第一级均质压力为 23 MPa，第二级均质压力为 30 MPa，均质温度为 80 ℃ 左右。

5. 灌装、加盖

操作方法略。

6. 杀菌

杀菌温度 121 ℃，杀菌时间 15 min。

五、成品质量要求
色泽：外观呈乳白色，无沉淀和分层现象；风味：具有新鲜椰子汁特有的风味和香味，无异味。

总糖（以还原糖计）＞8 g/100 mL；蛋白质＞0.6 g/100 mL；总酸（以乳酸计）＜0.1 g/100 mL；总固形物＞8 g/100 mL。

实训任务十　食品绿色草莓汁饮料的制作

一、实训目的

了解果蔬汁饮料生产中的主要问题，掌握食品绿色草莓汁生产的工艺要点。

二、实训要求

（1）详细做好试验记录。
（2）注意观察试验现象。
（3）分析影响成品质量的因素。

三、原辅材料、试剂和仪器

原辅材料：草莓等。

试剂：稳定剂（CMC）、甜味剂（甘草）、酸味剂（柠檬酸）。

仪器：打浆机、胶体磨、不锈钢锅、不锈钢盆、电炉、纱布等。

四、操作步骤

（一）工艺流程

选果→漂洗、去杂→煮制（或热烫）→打浆破碎→过滤（2～3 层纱布）→调配和混合（稳定剂＋酸味剂＋甜味剂）→煮浆及灭菌→冷却→包装→检验。

（二）操作要点

1. 选果

做草莓汁的草莓，以充分成熟的草莓果实为佳，出汁多，风味浓。

2. 漂洗、去杂

将选好的草莓用清水冲洗干净，去除果梗、花萼，剔除烂果及其他杂质。

3. 煮制

将漂洗干净、去杂后的精选草莓放入不锈钢锅中（忌用铁锅），在草莓里加少量水，然后煮制，温度控制在 70～80 ℃。

4. 打浆破碎

将煮制后的草莓进行打浆。在打浆破碎的同时，加入一定量的水（10%～15%），以保证果肉与种子的分离。

5. 过滤

打浆后用 2～3 层纱布过滤。过滤时可用器具协助挤压利于出汁。为增加出汁量，可将滤渣再加少量水煮沸后再过滤，然后通过胶体磨处理。

6. 调配和混合

将滤液称重，按 14% 和 0.2% 的重量，添加糖和柠檬酸，CMC 0.1%～0.2%，再通过胶体磨处理。

7. 煮浆及灭菌

将添加好糖及柠檬酸的滤液搅拌均匀后放在炉火上加热到 80～85 ℃，保持 20 min

进行灭菌。

8. 冷却、包装、检验

步骤略。

五、成品质量要求

色泽呈浅红至红色，有光泽。

具有草莓应有的滋味和气味，味气协调，酸甜适口，无异味。

组织细腻，均匀，无杂质，无沉淀，澄清透明，不允许有悬浮物存在。

草莓汁 40%，含糖量 14%，含酸量为 0.2%。

实训任务十一　食品绿色混浊芒果汁（带果肉）饮料的制作

一、实训目的

掌握食品绿色混浊芒果汁的操作要点，掌握食品绿色混浊芒果汁（带果肉）饮料均质和脱气的具体要求，领会关键环节。

二、实训要求

（1）结合所做产品，查阅相关资料，比较澄清果汁和混浊果汁在工艺上的异同。

（2）准备资料，设计两种以上符合食品绿色加工要求的复合果蔬汁配方。

三、原辅材料和仪器

原辅材料：芒果、白砂糖、柠檬酸、琼脂、芒果香精等。

仪器：预处理器、打浆机、均质机、脱气装置、调配罐、离心机、瞬时灭菌机、灌装机、包装容器（塑料袋、250 mL 玻璃瓶、利乐盒）等。

四、操作步骤

（一）工艺流程

原料清洗→热烫→去皮去核→果肉打浆→离心分离→调配→均质和脱气→杀菌→热灌装和封口→冷却→包装。

配方举例：芒果原汁 35%、白砂糖 6%、蛋白糖 0.05%、柠檬酸 0.35%、稳定剂（0.03% 黄原胶＋0.06%抗酸性 CMC）、琼脂 0.1%、芒果香精适量。

（二）操作要点

1. 原料清洗、热烫、去皮去核、果肉打浆

可用成熟鲜芒果（如象牙芒）经处理制成的浆料，也可以是芒果原浆、肉粒半成品。芒果清洗、热烫、去皮去核、果肉打浆操作方法略。

2. 离心分离

去除纤维，用高速碟片式离心机完成。

3. 调配

果汁糖度应按国际通用标准 12～17°Bx 调整；酸度 0.1%。

4. 均质和脱气

要求微粒尺寸减小到 0.5～0.6 mm 或更细，同时有条件的话应真空雾化除去氧气，保存维生素 C，防香味变劣。

5. 杀菌
最好用高温瞬时杀菌和微波杀菌。

6. 热灌装和封口、冷却
操作方法略。

7. 包装
常用 250 mL 玻璃瓶、利乐盒等包装。

五、成品质量要求
色泽呈现芒果天然的黄亮色，清香宜人，具有芒果的清香。甜酸适中，味感纯正、柔和。均匀混浊，不分层。

 思考与练习

1. 常见南亚热带绿色果蔬干制品有哪些？
2. 为何要将南亚热带果蔬进行干制？
3. 南亚热带绿色果蔬干制品的基本加工流程是怎样的？
4. 简述干制机理和干制过程特性。
5. 如果想要缩短干制时间，该如何控制干制过程？
6. 食品绿色干制与常规食品干制有哪些不同？
7. 加热升华时温度是不是越低越好？为什么？
8. 冻干食品与传统干制食品相比有哪些优点？
9. 果脯蜜饯如何进行分类？
10. 果脯蜜饯生产原料前处理包括哪几个部分？
11. 试述盐腌的工艺过程。
12. 试述糖制的工艺过程。
13. 试述罐头的特点？罐头生产中，装罐时应注意什么？
14. 罐头杀菌的目的是什么？罐头加热杀菌时影响热传导的因素是什么？
15. 果蔬罐头生产中，经常使用糖盐溶液填充罐内除果蔬以外所留下的空隙，为什么？
16. 罐头生产时，排气的目的是什么？什么叫顶隙？顶隙过大、过小有什么不利影响？
17. 软罐头是由聚酯、铝箔、聚烯烃组成的复合薄膜材料为包装制成的。试述这种软罐头包装的特点。
18. 果蔬中有哪些化学成分及其对果蔬汁饮料加工有何影响？
19. 由单宁引起的变色有哪些？如何防止或减少变色？
20. 果蔬汁饮料榨汁前如何进行预处理？
21. 果蔬汁加工取汁的方法有哪些？各有何特点？
22. 果蔬汁澄清的方法有哪些？
23. 澄清果汁和混浊果汁在工艺上有何差异？
24. 果蔬汁浓缩的目的是什么？有哪些浓缩方法？

25. 果蔬汁饮料加工中存在哪些质量问题？如何解决？
26. 南亚热带产地适合制作果蔬汁的原料有哪些？
27. 食品绿色果蔬汁饮料的发展前景如何？
28. 简述豆乳的加工工艺流程及工艺要点。
29. 简述豆乳稳定性的主要影响因素及其解决办法。
30. 豆乳的豆腥味是怎样产生的？生产中应如何克服？
31. 就目前市场上的几大品牌椰子汁生产现状、销售情况和市场潜力作一市场调研。

 分组讨论

讨论果蔬干制、糖制、罐藏和饮料制品加工的绿色加工工艺。

实训设计

通过对实训任务的学习，能够设计出果蔬干制、糖制、罐藏和饮料制品加工的绿色加工工艺。

项目四　谷物制品的绿色加工

项目导入

随着消费升级，消费者更加注重膳食的均衡和营养。通过使用功能性配料（膳食纤维、低聚糖、糖醇等），减少蔗糖和脂类使用量，谷物类制品将由高糖、高脂肪、高热量向低糖、低脂肪、低热量的方向发展，由此将带来谷物类制品原料产品研发方向和加工工艺的变化。国民消费能力的提升对中高端需求的拉动效果十分明显。随着我国本土中高端消费群体的增多，我国谷物类制品正逐渐向健康安全、营养平衡的方向发展。消费者越来越关注食品健康指标，超过82%的消费者愿意为更健康的食品支付相应溢价。

随着绿色加工技术的发展，食品工业规模化、智能化、集约化、绿色化发展水平明显提升，供给质量和效率显著提高。产业规模不断壮大，产业结构持续优化，创新能力显著增强，新技术、新产品、新模式、新业态不断涌现，资源利用和节能减排取得突出成效，能耗、水耗和主要污染物排放进一步下降。同时，为了保证食品工业的规范发展，政府相关部门陆续出台了一系列政策措施，对生产和市场流通体系等环节进行规范，确保了生产准入和流通规范运行体系的建立和执行。国家产业政策的支持，为行业的发展提供了有利条件。

项目目标

知识目标：（1）熟悉谷物制品生产原料。
（2）了解谷物蒸煮的加工工艺。
（3）掌握谷物制品加工原料的作用、特性及其在加工过程中的变化。
技能目标：（1）掌握各类蛋糕、面包、饼干的加工工艺。
（2）通过对实训任务的学习，能够设计出谷物制品的绿色加工工艺。

任务一　谷物原料的绿色准备

任务目标	任务描述	本任务要求通过对谷物制品原辅料相关知识的学习，对谷物制品原辅料有全面深入的认识
	任务要求	熟练掌握小麦粉中面筋的重要性及作用；掌握其他加工原料的作用、特性及在加工过程中的变化

任务准备

一、小麦粉

（一）小麦种类

小麦可按播种和收获季节、颗粒皮色、麦粒粒质进行分类。

1. 按播种和收获季节分类

小麦按播种和收获季节的不同，可以分为春小麦和冬小麦两种。春小麦颗粒长而大，皮厚色泽深，蛋白质含量高，但筋力较差，出粉率低，吸水率高；冬小麦颗粒小，吸水率低，蛋白质含量较春小麦低，筋力较强。我国以食用冬小麦为主。

2. 按颗粒皮色分类

小麦按颗粒皮色可分为白皮小麦和红皮小麦。白皮小麦呈黄白色或乳白色，皮薄，胚乳含量多，出粉率较高，但筋力较差；红皮小麦皮色较深，呈红褐色，皮厚，胚乳含量少，出粉率较低，但筋力较强。

3. 按麦粒粒质分类

小麦按麦粒粒质可分为硬质小麦和软质小麦。如果将麦粒横向切开观察其断面，胚乳结构紧密，呈半透明状（玻璃质）的为硬质小麦；而胚乳结构疏松，呈石膏状的为软质小麦。硬质小麦蛋白质含量较高，面筋筋力较强；软质小麦蛋白质含量较低，面筋筋力较弱。

（二）营养物质

1. 纤维素

小麦粉中的纤维素主要来源于种皮、胚芽，是不溶性碳水化合物。

2. 蛋白质

小麦粉中蛋白质含量与小麦的成熟度、品种、小麦粉等级和加工技术等因素有关。

1）蛋白质的分类和性质

小麦粉中的蛋白质可分为面筋性蛋白质和非面筋性蛋白质两类。根据其溶解性质还可分为麦胶蛋白、麦谷蛋白、球蛋白、清蛋白和酸溶蛋白。

2）蛋白质的胶凝与胀润作用

蛋白质是两性电解质，具有胶体的一般性质。蛋白质的水溶液称为胶体溶液或溶胶。在一定条件下，溶胶浓度增大或温度降低，溶胶失去流动性而呈软胶状态，即为蛋白质的胶凝作用,所形成的软胶叫作凝胶。凝胶进一步失水就成为干凝胶。小麦粉中的蛋白质即属于干凝胶。干凝胶能吸水膨胀成凝胶,若继续吸水则形成溶胶,这时称为无限膨胀;若不能继续吸水形成溶胶,就称为有限膨胀。蛋白质吸水膨胀称为胀润作用;蛋白质脱水称为离浆作用。这两种作用对面团调制有着重要的意义。

3. 面筋

面筋就是小麦粉中的麦胶蛋白和麦谷蛋白吸水膨胀后形成的浅灰色柔软的胶状物。它在面团形成过程中起非常重要的作用,决定面团的焙烤性能。小麦粉筋力的好坏及强弱,取决于小麦粉中面筋的数量与质量。面筋分为湿面筋和干面筋。

面筋主要由麦胶蛋白和麦谷蛋白组成。面筋的筋力好坏,不仅与面筋的数量有关,也与面筋的质量和工艺性能有关。面筋的数量和质量是两个不同的概念。小麦粉的面筋含量高,并不是说小麦粉的工艺性能就好,还要看面筋的质量。

面筋的质量和工艺性能指标有延伸性、弹性、韧性和可塑性。延伸性是指面筋被拉长而不断裂的能力;弹性是指湿面筋被压缩或拉伸后恢复原来状态的能力;韧性是指面筋对拉伸时所表现的抵抗力;可塑性是指面团成形或经压缩后,不能恢复其固有状态的性质。以上性质都密切关系到谷物制品的生产。当小麦粉的面筋工艺性能不符合生产要求时,可以采取一定的工艺条件来改变其性能,使之符合生产要求。

4. 脂肪

小麦粉中脂肪含量甚少,通常为1%~2%,主要存在于小麦粒的胚芽及糊粉层。

5. 矿物质

小麦粉中的矿物质含量是用灰分来表示的。小麦粉灰分(以干物质计)不得超过0.70%,面包用小麦粉不得超过0.60%,其他用小麦粉不得超过0.55%。

6. 维生素

小麦粉中维生素B_1、维生素B_2、维生素B_5及维生素E含量较高。维生素A的含量较少,缺乏维生素C,几乎不含维生素D。加工时应考虑适当强化维生素。

7. 酶

小麦粉主要含有淀粉酶、蛋白酶、脂肪酶、脂肪氧化酶、植酸酶等。这些酶类的存在,不论对小麦粉的储藏或产品的生产,都有一定的影响。

(三)小麦粉的种类和等级标准

小麦粉按加工精度分为四个等级:特制一等粉、特制二等粉、标准粉和普通粉。

小麦粉按用途可分为面包粉、面条粉、馒头粉、饼干粉、糕点粉及家庭自发粉等。

（四）小麦粉品质的鉴定

1. 面筋的数量与质量

根据小麦粉中湿面筋含量，可将小麦粉分为三个等级：高筋小麦粉，面筋含量大于30%，适于制作面包等食品；低筋小麦粉，面筋含量小于24%，适于制作饼干、糕点等食品；面筋含量为24%~30%的小麦粉，适于制作面条、馒头等食品。

2. 小麦粉吸水量

小麦粉吸水量的大小在很大程度上取决于小麦粉中的蛋白质含量。小麦粉的吸水量随蛋白质含量的提高而增加。小麦粉中蛋白质含量每增加1%，用粉质测定仪测得的吸水量约增加1.5%。

3. 气味与滋味

气味与滋味是鉴定小麦粉品质的重要感官指标。新鲜小麦粉具有良好、新鲜而清淡的香味，在口中咀嚼时有甜味，凡带有酸味、苦味、霉味、腐败臭味的小麦粉都属于变质小麦粉。

4. 颜色与麸量

小麦粉颜色与麸量的鉴定根据已制定的标准样品进行对照。

（五）小麦粉的储藏

1. 小麦粉熟化

新磨制的小麦粉所制面团黏性大，缺乏弹性和韧性，生产出来的产品皮色暗、体积小、扁平易塌陷、组织不均匀。但这种小麦粉经过一段时间后，其加工性能有所改善，上述问题得到一定程度的解决，这种现象就称为小麦粉熟化。

小麦粉熟化的机理是新磨制小麦粉中的半胱氨酸和胱氨酸含有未被氧化的巯基（—SH），这种巯基是蛋白酶的激活剂。调粉时被激活的蛋白酶强烈分解小麦粉中的蛋白质，从而使烘烤食品的品质低劣。但经过一段时间储存后，巯基被氧气氧化而失去活性，小麦粉中蛋白质不被分解，小麦粉的加工性能也由此得到改善。

2. 小麦粉储藏中水分的影响

小麦粉具有吸湿性，其水分含量随周围空气相对湿度的变化而增减。小麦粉储藏在相对湿度为55%~65%，温度为18~24 ℃的条件下较为适宜。

二、糖

谷物制品常用的糖有蔗糖、饴糖、淀粉糖浆等。

（一）糖的种类和特性

1. 蔗糖

蔗糖是谷物制品生产中最常用的糖，有白砂糖、黄砂糖、绵白糖等，其中以白砂糖使用最多。

1）白砂糖

白砂糖为白色透明的纯净蔗糖的晶体，其蔗糖含量在99%以上。味甜纯正，易溶于水，其溶解度随着温度升高而增加，0℃时饱和溶液含糖为64.13%，100℃时饱和溶液含糖82.92%。

2）黄砂糖

在提制砂糖过程中，未经脱色或晶粒表面糖蜜未洗净，带棕黄色的砂糖晶粒，称黄砂糖。黄砂糖一般用于中低档产品，其甜度及口味较白砂糖差，易吸潮，不耐储藏，且含有较多无机杂质，如含铜量高达 2 mg/kg 以上，影响产品口味。

3）绵白糖

绵白糖由颗粒细小的白砂糖加入一部分转化糖浆或饴糖，干燥冷却而成。可以直接加入使用，不需粉碎，但价格较砂糖高、成本高，所以一般不大采用。

2. 饴糖

饴糖俗称米稀，由米粉、山芋淀粉、玉米淀粉等经糖化剂作用而制成。纯净的麦芽糖其甜度约为白砂糖的一半，因此通常在计算饴糖的甜度时均以 1/4 的白砂糖甜度来衡量。

3. 淀粉糖浆

淀粉糖浆又称葡萄糖浆、化学稀、糖稀，是用玉米淀粉经酸水解而成，主要由葡萄糖、糊精、多糖类及少部分麦芽糖组成。

4. 转化糖

蔗糖在酸的作用下能水解成葡萄糖与果糖，这种变化称为转化。一分子葡萄糖与一分子果糖的结合体称为一分子转化糖。含有转化糖的水溶液称为转化糖浆。

5. 果葡糖浆

果葡糖浆是淀粉经酶法水解生成葡萄糖，在异构酶作用下将部分葡萄糖转化成果糖而形成的一种甜度较高的糖浆。

（二）糖在谷物制品中的工艺性能

1. 增加谷物制品的甜味和营养价值

糖的发热量较高，具有迅速被人体吸收的特点。

2. 调节面团中面筋的胀润度

小麦粉中植物性蛋白质的吸水胀润形成大量面筋,使面团弹性增强,黏度相应降低。如果在面团中加入糖浆,会降低蛋白质胶粒的吸水性,糖在面团调制过程中的反水化作用,造成调粉过程中面筋形成量降低,弹性减弱。

3. 改善谷物制品的色泽、香味和形状

糖在200 ℃左右发生焦糖化反应。焦糖化反应不仅使制品表面产生金黄色,而且还赋予谷物制品理想的香味。在加工过程中焦糖化反应不占主要地位,一般是以美拉德反应为主,同样可以提高谷物制品的色泽与香味。

4. 提供酵母生长与繁殖所需营养

生产面包和苏打饼干时,需使用酵母进行发酵,酵母生长和繁殖需要的碳源可以由淀粉酶水解淀粉来供给。但是发酵开始阶段,淀粉酶水解淀粉产生的糖分还来不及满足酵母需要,此时酵母主要以配料中的糖为营养源。因此在面包和苏打饼干面团发酵初期加入适量糖会促进酵母繁殖,加快发酵速度。

5. 抗氧化作用

糖是一种天然的抗氧化剂,这是由于还原糖(饴糖、转化糖浆)的还原性。

三、油脂

(一)常用油脂的种类及特性

1. 动物油脂

奶油和猪油是谷物制品生产中常用的动物油。大多数动物油都具有熔点高、常温下呈半固态、可塑性强、起酥性好的特点。

1)奶油

奶油又称黄油或白脱油,由牛乳经离心分离而得。奶油的熔点为28~34 ℃,凝固点为15~25 ℃。具有一定的硬度和良好的可塑性,适用于西式糕点裱花与保持糕点外形的完整。

2)猪油

猪油是从猪的部分内脏的蓄积脂肪及腹背等皮下组织中提取的油脂。猪油在常温下呈软膏状,熔点为36~42 ℃,色泽洁白,有特殊的香气。猪油适合制作中式糕点的酥皮,起层多,色泽白,酥性好,熔点高,利于加工操作。因为猪油呈大结晶,在面团中能均匀分散在层与层之间,进而形成众多的小层。

2. 植物油

植物油品种较多,有花生油、豆油、菜籽油、椰子油等。除椰子油外,其他各种植物油均含有较多的不饱和脂肪酸,其熔点低,在常温下呈液态。植物油的可塑性较动物性油脂差，色泽为深黄色，使用量高时易发生"走油"现象。椰子油与一般植物油不同，它的熔点较高，常温下呈半固态，稳定性好，不易酸败，故常作为油炸用油。

3. 氢化油

氢化油又称硬化油，是将液体油经氢化处理，使脂肪酸饱和程度提高后所得到的一种再制油。氢化油为白色或淡黄色，无臭、无味。它的可塑性、乳化性、起酥性、稠度均优于一般油脂，特别是具有较高的稳定性，不易氧化酸败，因而成为谷物制品生产的理想用油。氢化油因其氢化程度不同而性质有所差异，用于谷物制品的氢化油熔点最好为31～36 ℃，凝固点不低于21 ℃。

4. 起酥油

一般认为，能使谷物制品起显著酥松作用的油称为起酥油。起酥油是指精炼的动植物油脂、氢化油或这些油脂的混合物，经混合、冷却塑化而加工出来的具有可塑性、乳化性等加工性能的固态或流动性的油脂产品。起酥油不能直接食用，而是食品加工的原料油脂。起酥油与人造奶油的主要区别是起酥油中没有水相。起酥油的种类很多，一般分为全氢化起酥油和掺和起酥油。

5. 人造奶油

人造奶油以氢化油为主要原料，添加适量的牛乳或乳制品、色素、香料、乳化剂、防腐剂、抗氧化剂、食盐和维生素，经混合、乳化等工序而制成。人造奶油内含15%～20%的水分和3%的盐，它的软硬度可根据各成分的配比来调整。它的特点是熔点高、油性小，具有良好的可塑性和融合性。

6. 磷脂

磷脂即磷酸甘油酯，其分子结构中含有亲水基和疏水基，是良好的乳化剂。含油量较低的饼干中加入适量的磷脂，可以增强饼干的酥脆性，方便操作，且不发生粘辊现象。

(二) 油脂的加工特性

1. 可塑性

可塑性即柔软性，即保持变形但不流动的性质。可塑性是人造奶油、奶油、起酥油、猪油最基本的特性。因此，固态油要比液态油能润滑更大的面团表面积。

2. 起酥性

一般认为单位质量的脂肪如果被小麦粉粒包裹的面积越大，其起酥性就越好。可塑性适度的油脂其起酥性也好。油脂如果过硬，在面团中会残留一些块状部分，起不到松散组织的作用；如果过软或呈液态，则会在面团中形成油滴，使成品组织多孔、粗糙。

3. 融合性

融合性是指油脂经搅拌处理后包含空气气泡的能力或称拌入空气的能力。气泡越多，当面团成形后进行加工时，油脂中结合空气油脂受热流散，会使制品越蓬松。

4. 乳化分散性

乳化分散性是指油脂在与含水的材料混合时的分散亲和性质。制作蛋糕时，油脂的乳化分散性越好，油脂小粒子分布会更均匀，得到的蛋糕也会越大、越软。

5. 稳定性

稳定性是油脂抗酸败变质的性能。

6. 充气性

油脂在空气中经高速搅拌时，空气中的细小气泡被油脂吸入，这种性质称为油脂的充气性。油脂的饱和程度越高，搅拌时吸入的空气量越多，油脂的充气性越好。起酥油的充气性比人造奶油好，猪油的充气性较差。

油脂的充气性对食品质量的影响主要表现在酥性制品中。在调制酥性面团时，首先要搅打油、糖和水，使之充分乳化。在搅打过程中，油脂中结合了一定量的空气。油脂结合空气的量与搅打程度和糖的颗粒状态有关。糖的颗粒越细，搅拌越充分，油脂中结合的空气就越多。此时由化学疏松剂分解释放出的二氧化碳及面团中的水蒸气，也向油脂流散的界面聚结，使制品碎裂成很多孔隙，成为片状或椭圆形的多孔结构，使产品体积膨大、酥松。因此，糕点、饼干生产最好使用氢化起酥油。

（三）油脂在谷物制品中的工艺性能

1. 增加制品的风味和营养

各种油脂可以给食品带来特有的香味。同时，油脂具有较高的发热量，并含有人体必需的脂肪酸（如亚油酸等）和脂溶性维生素（如维生素 A、维生素 D、维生素 E 等），从而使食品更富营养。

2. 起酥作用

在调制酥性面团时，油、水、小麦粉经搅拌以后，油脂以球状或条状存在于面团中，在这些球状或条状的油内结合着大量空气，空气的结合量与小麦粉调制时的搅拌程度和糖的颗粒状态有关。搅拌充分或糖的颗粒越小，空气含量越高。

3. 改善制品的风味与口感

利用油脂的可塑性、起酥性和充气性，加入油脂可以提高饼干、糕点的酥松程度，改善食品的风味。一般来说，含油量高的饼干、糕点，酥松可口，含油量低的饼干显得干硬，口感不好。

4. 控制面团中面筋的胀润度，提高面团可塑性

油脂具有调节饼干面团胀润度的作用，在酥性面团调制过程中，油脂形成一层油膜包在小麦粉颗粒外面，由于这层油膜的隔离作用，小麦粉中蛋白质难以充分吸水胀润，抑制了面筋的形成，并且已形成的面筋难以互相结合，可使饼干花纹清晰，不收缩变形。

5. 影响面团的发酵速度

由于油脂能抑制面筋形成和影响酵母生长，因此面团配料中油脂用量不宜过多，通常为小麦粉量的1%～6%，可以使面包组织柔软，表面光亮。

（四）谷物制品对油脂的选择

1. 饼干用油脂

生产饼干用的油脂首先应具有优良的起酥性和较高的氧化稳定性，其次要具备较强的可塑性。

苏打饼干既要求产品酥松，又要求产品有层次。但苏打饼干含糖量很低，对油脂的抗氧化性协同作用差，不易储存。因此，苏打饼干也宜采用起酥性与稳定性兼优的油脂。

2. 糕点用油脂

1）酥性糕点

生产酥性糕点可使用起酥性好、充气性强、稳定性高的油脂，如猪油和氢化起酥油。

2）起酥糕点

生产起酥糕点应选择起酥性好、熔点高、可塑性强、涂抹性好的固体油脂，如高熔点人造奶油。

3）油炸糕点

油炸糕点应选用发烟点高、热稳定性好的油脂。大豆油、菜籽油、米糠油、棕榈油、氢化起酥油等适用于炸制食品。近年来，国际上流行使用棕榈油作为炸制油，该油中饱和脂肪酸多，发烟点高和热稳定性较好。

3. 奶油蛋糕

奶油蛋糕含有较高的糖、牛奶、鸡蛋、水分，应选用含有高比例乳化剂的高级人造奶油或起酥油。

4. 面包用油脂

生产面包所用油脂应考虑以下三方面。

（1）应选用可塑性强、易于同面包原料混合，并且在醒发中不易渗出的油脂。

（2）应选用风味良好的油脂，特别是用量多时，对烘烤后产品的风味有很大影响的油脂。

（3）应选用起酥性好和抗淀粉老化的油脂，这种油脂能在面团中形成薄膜状，并在烘烤过程中由于气体受热膨胀，面包心的蜂窝结构更为均匀细密而且疏松，并能长时间保持柔软状态。

从上述可知，在选择面包用油脂时应着重考虑油脂的味感、起酥性、融合性和乳化性，稳定性次之，符合这种要求的油脂有猪油、奶油、人造奶油、氢化油等。

（五）油脂酸败的抑制

抑制油脂酸败的措施有以下三个方面。

（1）使用具有抗氧化作用的香料，如姜汁、豆蔻、丁香、大蒜等。但是必须指出，某些香精具有强氧化作用，如杏仁香精、柠檬香精和橘子香精，常常会缩短产品的保存期。

（2）油脂和含油量高的油脂食品在储藏中要尽量做到密封、避光、低温，防止受金属离子和微生物污染，以延缓油脂酸败。

（3）使用抗氧化剂是抑制或延缓油脂及饼干内油脂酸败的有效措施。饼干生产经常使用的抗氧化剂有合成抗氧化剂丁基羟基茴香醚、二丁基羟基甲苯、特丁基对苯二酚等，其用量均占油脂的0.01%~0.02%。常用的天然抗氧化剂有维生素E，还有鼠尾草、胡萝卜素等。

四、乳制品

（一）乳制品的质量要求

由于乳制品营养丰富，也是微生物生长良好的培养基，要保证产品的质量，必须注意乳品的质量及新鲜程度，对于鲜乳要求酸度在18 °T以下。对乳制品要求无异味，不结块发霉，不酸败，否则乳脂肪会由于霉菌污染或细菌感染而被解脂酶水解，使存放较久的产品变苦。乳制品有牛乳、乳粉、炼乳、干酪等。

（二）乳制品在谷物制品中的工艺性能

1. 改善谷物制品的组织

乳粉提高了面筋筋力，改善了面团发酵耐力和持气性，因此，含有乳粉的谷物制品组织均匀、柔软、疏松并富有弹性。

乳粉的加入提高了面团的吸水率，因乳粉中含有大量蛋白质，每增加1%的乳粉，面团吸水率就要相应增加1%~1.25%。

乳粉的加入提高了面团筋力和搅拌耐力，乳粉中虽无面筋性蛋白质，但含有的大量乳蛋白对面筋具有一定的增强作用，能提高面团筋力和强度，使面团不会因搅拌时间延长而导致搅拌过度，特别是对于低筋小麦粉更有利。加入乳粉的面团更能适合高速搅拌，高速搅拌能改善面包的组织结构和增大体积。

乳粉的加入提高了面团的发酵耐力，面团不至于因发酵时间延长而成为发酵过度的老面团,其原因有以下三个方面。

(1) 乳粉中含有的大量蛋白质,对面团发酵过程中 pH 值的变化具有缓冲作用,使面团的 pH 值不会发生太大的变化,保证面团的正常发酵。例如,无乳粉的面团发酵前 pH 值为 5.8,经 45 min 发酵后,pH 值下降到 5.1;含乳粉的面团发酵前 pH 值为 5.94,经 45 min 发酵后,pH 值下降到 5.72。前者下降了 0.7,而后者仅下降了 0.22。

(2) 乳粉可抑制淀粉酶的活力。因此,无乳粉的面团发酵要比有乳粉的面团发酵快,特别是低糖的面团。面团发酵速度适当放慢,有利于面团均匀膨胀,增大面包体积。

(3) 乳粉可刺激酵母内酒精酶的活力,提高糖的利用率,有利于二氧化碳的产生。

2. 增进谷物制品的风味和色泽

乳粉中只存在一种糖——乳糖,大约占乳粉总量的 30%。乳糖具有还原性,不能被酵母利用。因此,发酵后仍全部残留在面团中。在加工过程中,乳糖与蛋白质中的氨基酸发生美拉德反应,产生一种特殊的香味,谷物制品表面形成诱人的棕黄色。乳粉用量越多,谷物制品的表皮颜色就越深,又因乳糖的熔点较低,在烘焙期间着色较快。因此,凡是使用较多乳粉的谷物制品,都要适当降低烘焙温度和延长烘焙时间,否则,制品着色过快,易造成外焦内生。

3. 提高谷物制品的营养价值

乳粉中含有丰富的蛋白质、脂肪、糖、维生素等。小麦粉是谷物制品的主要原料,但其在营养上的不足是赖氨酸、维生素含量很少,而乳粉中含有丰富的蛋白质和几乎所有的必需氨基酸,维生素和矿物质亦很丰富。

4. 延缓谷物制品的老化

乳粉中含有大量蛋白质,使面团吸水率增加,面筋性能得到改善,面包体积增大,这些因素都使制品老化速度减慢,而且乳酪蛋白中的巯基(—SH)化合物具有抗氧化作用,延长了保鲜期。

五、蛋制品

(一) 蛋制品的质量要求

蛋制品对谷物制品的生产工艺及改善制品的色、香、味、形和提高营养价值等方面都起到一定的作用。

(二) 蛋及蛋制品的种类

目前我国生产中常使用鲜蛋、冰蛋、蛋粉、湿蛋黄和蛋白片等。

1. 鲜蛋

鲜蛋包括鸡蛋、鸭蛋、鹅蛋等,在谷物制品中应用最多的是鸡蛋。

2. 冰蛋

冰蛋分为冰全蛋、冰蛋黄与冰蛋白三种。

3. 蛋粉

我国市场上主要销售全蛋粉，蛋白粉很少生产。蛋粉是将鲜蛋去壳后，经喷雾高温干燥制成的。

4. 湿蛋黄

生产中使用湿蛋黄要比使用蛋黄粉要好，但远不如鲜蛋和冰全蛋，因为蛋黄中蛋白质含量低，脂肪含量较高。尽管蛋黄中脂肪的乳化性很好，但这种脂肪本身是一种消泡剂，因此在生产中湿蛋黄不是理想的原料。

5. 蛋白片

蛋白片是谷物制品的一种较好的原料。它能复原、重新形成蛋白胶体，具有新鲜蛋白胶体的特性，且方便运输与保管。

（三）蛋在谷物制品中的工艺性能

1. 蛋白的起泡性

蛋白是一种亲水性胶体，具有良好的起泡性，在糕点生产中具有重要意义，特别是在西点的装饰方面。蛋白经过强烈搅打，蛋白薄膜将混入的空气包围起来形成泡沫，由于受表面张力制约，迫使泡沫呈球形，蛋白胶体具有黏度，可使加入的原材料附着在蛋白泡沫层四周，泡沫层变得浓厚坚实，增强了泡沫的机械稳定性。

2. 蛋黄的乳化性

蛋黄中含有许多磷脂，磷脂具有亲油和亲水的双重性质，是一种理想的天然乳化剂。它能使油、水和其他材料均匀地混合到一起，促使制品组织细腻，质地均匀，松软可口，色泽良好，并使乳制品保持水分。

3. 蛋白的凝固性

蛋白对热敏感，受热后凝结变性。温度为 54～57 ℃时蛋白开始变性，60 ℃时变性加快，但如果在受热过程中将蛋急速搅动可以防止其凝固。蛋白内加入高浓度的白砂糖能提高蛋白的变性温度。当 pH 值为 4.6～4.8 时蛋白变性最快，因为这正是蛋白内主要成分白蛋白的等电点。

4. 改善糕点、面包的色、香、味、形和营养价值

蛋中含有丰富的营养成分，提高了糕点、面包的营养价值。

六、疏松剂

（一）生物疏松剂——酵母

酵母是一种细小的单细胞真核微生物，含有丰富的蛋白质和矿物质，是生产面包和苏打饼干常用的生物疏松剂。

1. 酵母的种类及其特点

1）鲜酵母

鲜酵母又称压榨酵母，它是酵母在糖蜜等培养基中经过扩大培养和繁殖，并分离、压榨而成的。鲜酵母具有以下特点：

活性不稳定，发酵力不高，一般产气 600～800 mL，活性和发酵力随着储存时间的延长而大大降低。因此，鲜酵母随着储存时间延长，需要增加其使用量，使成本升高，这是鲜酵母的最大缺点。需在 0～4 ℃的低温冰箱（柜）中储存，储存期为 3 周左右，增加了设备投资和能源消耗。若在高温下保存，鲜酵母很容易腐败变质或自熔。生产前一般需用温水活化，鲜酵母有被干酵母逐渐取代的趋势。

2）活性干酵母

活性干酵母是由鲜酵母经低温干燥而制成的颗粒酵母。它具有以下特点：

（1）活性很稳定，发酵力很高，产气达 1300 mL。因此，其使用量也很稳定。

（2）不需低温保存，可在常温下保存一年左右。

（3）使用前需用温水、糖活化。

（4）缺点是成本较高。我国目前已能生产高活性干酵母，但使用不普遍。

3）即发活性干酵母

即发活性干酵母是近些年来发展起来的一种发酵速度很快的高活性新型干酵母，主要生产国是法国、荷兰等。近年来，我国广州等地与外国合资生产即发活性干酵母。它与鲜酵母、活性干酵母相比，具有以下鲜明特点：

（1）活性远远高于鲜酵母和活性干酵母，发酵力高，产气达 1300～1400 mL。因此，在面包中的使用量要比鲜酵母和活性干酵母少。

（2）活性特别稳定，在室温条件下密封包装储存可达两年左右，储存三年仍有较高的发酵力。因此，不需要低温保存。

（3）发酵速度很快，能大大缩短发酵时间。

（4）使用时不需要活化，可直接混入干小麦粉中。

（5）成本及价格较高，但由于发酵力高，活性稳定，使用量少，故大多数厂家仍喜欢使用。

2. 影响酵母菌生长繁殖的因素

1）温度

酵母菌生长的最适温度为 25～28 ℃。

2）pH 值

酵母菌适宜在弱酸性条件下生长，在碱性条件下其活性大大减小。一般面团的 pH 值控制在 5~6。pH 值低于 2 或高于 8，酵母活性都将大大受到抑制。

3）渗透压

酵母菌的细胞膜是半透性生物膜，外界浓度的高低影响酵母细胞的活性。面包面团中都含有较多的糖、盐等成分，均产生渗透压。

盐是高渗透压物质，盐的用量越多，对酵母的活性及发酵速度抑制越大。

4）水

水是酵母生长繁殖所必需的物质，许多营养物质都需要借助于水的介质作用而被酵母吸收。因此，调粉时加水量较多，调制成较软的面团，发酵速度较快。

5）营养物质

酵母所需的营养物质有碳源、氮源、无机盐类和生长素等。碳源主要来自面团中的糖类。氮源主要来源于各种面包添加剂中的铵盐（如氯化铵、硫酸铵）和面团中的蛋白质及蛋白质水解产物。无机盐和生长素来源于小麦粉中的矿物质和维生素。

3. 酵母在面包中的作用

（1）使面包体积膨松。

（2）改变面包的风味。

（3）增加面包的营养价值。

（二）化学疏松剂

1. 小苏打

小苏打即碳酸氢钠，俗称小起子。它是一种碱性盐，呈白色粉末状，在食品中受热分解产生二氧化碳的温度为 60~150 ℃，产生气体量约为 261 cm^3/g，在 270 ℃时失去全部气体。

若面团的 pH 值低，酸度高，小苏打还会与部分酸起中和反应产生二氧化碳。小苏打在生产中主要起水平膨胀作用，俗称起"横劲"，小苏打在糕点中膨胀速度缓慢，制品组织均匀。由于反应生成物是碳酸钠，呈碱性，过量使用时会使制品口味变劣，应控制制品碱度不超过 0.3%。

2. 碳酸氢铵

碳酸氢铵为白色结晶，分解温度为 30~60 ℃，产生气体量为 700 cm^3/g，在常温下易分解产生剧臭，应妥善保管。

碳酸氢铵在制品加工中几乎全部分解，其产物大部分逸出而不影响口味，其膨松能力比碳酸氢钠高 2~3 倍。由于它的分解温度较低，制品刚加热就分解，如果添加量过多，会使饼干过酥或四面开裂，也会使蛋糕糊飞出模具。因为其分解过早，往往在制品定型之前连续膨胀，所以习惯上将它与小苏打配合使用。这样既有利于控制制品疏松程度，又不至于使饼干内残留过多碱性物质。

碳酸氢铵分解温度较低,不适宜在较高温度的面团和面糊中使用。它的生成物之一是 NH_3,可溶于水中,产生臭味,影响食品风味和品质,故不适宜在含水量较高的产品中使用,而在饼干中使用则无此问题。另外,碳酸氢铵分解产生的 NH_3 对人体嗅觉器官有强烈的刺激性。

3. 复合疏松剂（发酵粉）

复合疏松剂（发酵粉）又称泡打粉、发粉和焙粉。由于小苏打和碳酸氢铵在作用时都有明显的缺点,后来人们研究用小苏打加上酸性材料,如酸牛奶、果汁、蜂蜜、转化糖浆等来产生疏松作用。

1）发酵粉的成分

发酵粉主要由碱性物质、酸式盐和填充物三部分组成。碱性物质主要是指小苏打。酸式盐有酒石酸氢钾、酸式磷酸钙、酸式焦磷酸盐、磷酸铝钠、硫酸铝钠等。填充物可用淀粉或小麦粉,用于分离发酵粉中的碱性物质和酸式盐,防止它们过早反应,又可以防止发酵粉吸潮失效。

2）发酵粉的配制和作用原理

发酵粉是根据酸碱中和反应的原理而配制的。随着面团和面糊温度的升高,酸式盐和小苏打发生中和反应产生二氧化碳,使糕点、饼干膨大疏松。

3）发酵粉的特点

发酵粉是根据酸碱中和反应的原理配制的,因此它的生成物呈中性,避免了小苏打和碳酸氢铵各自使用时的缺点。用发酵粉制作的产品组织均匀,质地细腻,无大孔洞,颜色正常,风味纯正。目前生产中多将发酵粉作为疏松剂。

七、水

水在谷物制品绿色加工中的作用主要有以下六点。

1. 调节面团的胀润度

面筋的形成就是植物性蛋白质吸水胀润的过程。在面团调制时,如加水量适当,面团胀润度好,所形成的湿面筋弹性好、延伸性好;如加水量过少,植物蛋白吸水不足,水化程度低,面筋不能充分扩展,致使面团胀润度及品质较差。在面包与酥性饼干生产中,采用不同的加水率,会生产出不同特性的面团。

2. 调节淀粉糊化程度

淀粉糊化是指淀粉在适当温度（60~80 ℃）下吸水膨胀、分裂,形成均匀糊状溶液的过程。因此,只有在水量充分时,淀粉才能充分吸水而糊化,使制品组织结构良好,体积增大;反之,淀粉则不能充分糊化,导致面团流散性大,制品组织疏松。

3. 促进酵母生长繁殖和酶的水解作用

水既是酵母的重要营养物质之一,又是酵母吸收其他营养物质及细胞内各种生化变化进行的必需介质。酵母的最适水活度 A_w 为 0.88,当 A_w<0.78 时,酵母的生长繁殖将受到抑制。因此,水分对酵母的生长繁殖具有一定的促进作用,对面团的发酵速度有重要影响。

酶的活性、浓度与底物浓度是影响酶促反应的重要因素,而它们又与水有直接关系。当 A_w<0.3 时,淀粉酶的活性受到较大的抑制。因此,通过调节面团的含水量,便可调节酶对蛋白质及淀粉的水解程度,从而起到调节面团性质的作用。

4. 溶剂作用

为了使糖、盐、疏松剂、乳粉等干性物料能均匀地分散在面团中,特别是这些物料用量少时,往往要先用水将它们溶解,再添加到小麦粉中。因此,水在面团调制中具有溶剂作用。

5. 调节面团温度

面团温度的控制,对产品的质量影响较大。加工生产中,采用水温来调控面团的温度是最简便、最有效的方法。

6. 水是传热介质之一

生产用水的选择,首先应达到透明、无色、无臭、无异味、无有害微生物、无致病菌的要求。实际生产中,加工用水的 pH 值为 5~6。水的硬度以中等硬度为宜,即水中钙离子和镁离子浓度为 2.86~4.29 mmol/L 或水的硬度为 8~12 °dH(1 °dH 是指 1 L 水中含有相当于 10 mg 氧化钙的量。1 °dH=0.3575 mmol/L)。

八、其他谷物制品原料

(一)食盐

食盐是制作谷物制品的基本原料之一,虽用量不多,但必不可少。

1. 食盐在制品中的作用

(1)提高成品的风味。
(2)调节和控制发酵速度。
(3)增强面筋筋力。
(4)改善制品的内部颜色。
(5)增加面团调制时间。

2. 食盐的添加方法

一般均以盐溶液方式加入。常采用后加盐法，即在面团搅拌的最后阶段加入。一般在面团的面筋扩展阶段后期，即面团不再黏附搅拌机缸壁时加入，然后搅拌 5～6 min 即可。

在苏打饼干生产中，由于食盐用量高对酵母生长繁殖有抑制作用，故在操作时要尽量避免食盐与酵母接触。在第二次发酵时少加食盐，而将食盐及配方中的部分油脂、面粉一起制成油酥，在面团辊轧成面带时夹在面层中。

（二）营养强化剂

食品营养强化的主要目的是改善天然食物中营养的不平衡状况。加入所缺少的营养素，使食品营养取得平衡以适应人体的需要，此外还可以补充食品在加工储藏及运输中营养成分的损失。小麦粉虽然含有一定的营养素，但从满足人体营养需要的角度来看，它所含的营养素是不够充足的，如对人体生长发育有重要作用的赖氨酸含量极小。另外，在其被加工成精白粉的过程中，维生素 B_1 和维生素 B_2 有较大的损失，而且加工精度越高，维生素的损失也就越严重。所以，在小麦粉中或在以小麦粉为主要原料的谷物制品中可进行营养强化。

强化剂的添加方法有多种：可直接将各种强化剂加入面团中，也可将强化剂预先制成片剂加入，或用明胶等做成外衣，以缓冲外来条件对它的影响。在将强化剂添加进面团时，一般先将片剂溶于适量水中，然后搅拌。有些油溶性维生素（如维生素 A、维生素 D）也可预先与起酥油混合，再添加入面团中，这样可略微降低维生素在加工中的损失。

（三）面团改良剂

面团改良剂是指那些能调节或改变面团的特性，使面团适合工艺要求，提高产品质量的添加剂。

1. 饼干面团改良剂

1）韧性面团改良剂

生产韧性饼干时，由于面团油糖比例较小，加水量较多，因此面团的面筋可以充分膨胀，使之产生很强弹性。为了达到面团工艺要求，韧性面团往往要在机械长时间的不断搅拌下，才能使面筋弹性逐步降低，可塑性增强。要达到这样的要求，调制面团的时间往往很长，一般需要 50～60 min，这会影响生产速度，再加上操作不当常会引起制品收缩变形，所以要使用改良剂。常用的改良剂有亚硫酸氢钠、亚硫酸氢钙、焦亚硫酸钠与亚硫酸等。

2）酥性面团改良剂

酥性面团的改良剂实际上是可以改善面团性质的乳化剂，因为酥性面团中油脂和糖的含量很大，这些都足以抑制面团面筋的形成。但使用中也会产生一些问题，如面团发黏、不易操作等，所以常需要添加磷脂来降低面团黏度。磷脂可以使面团中的油脂部分地乳化，为面筋所吸收，使饼干在烘烤过程中，容易形成多孔性的疏松组织，饼干的酥松性得到改善。磷脂也是一种油脂，配方中可减少其他油脂用量。另外，磷脂还是一种抗氧化增效剂，可使产品保存期延长。磷脂有蜡质口感，所以不能多用，过量会影响风味。

3）苏打饼干用改良剂

常用蛋白酶与 α-淀粉酶来改善面团特性。当使用面筋含量高、质地较硬的强力粉时，面团会在发酵后还保持相当大的弹性，在加工过程中引起收缩，焙烤时表面起大泡，而且产品的酥松性会受到影响。因而要利用蛋白酶分解蛋白质的特性，来破坏面筋结构，改善面团性质。一般在第二次发酵时加入，胃蛋白酶加入量为第二次小麦粉的 0.02%，胰蛋白酶为 0.015%。这不仅可改善饼干形态的效果，而且可使产品变得易上色。这是由于分解生成的氨基酸促进羰氨反应的结果。

2. 面包面团改良剂

面包面团改良剂主要是一些具有较强氧化性的氧化剂，如碘酸钾、过硫酸钙、抗坏血酸等。对面包的改良作用主要表现在以下四个方面。

（1）氧化剂能将面筋蛋白分子的—SH 氧化，并形成分子间的—S—S—键，从而使面筋生成率提高，面团筋力增强。

（2）小麦粉中蛋白质的半胱氨酸和胱氨酸含有—SH 基团，它是蛋白酶的激活剂，氧化剂能将—SH 基团氧化，使其丧失对蛋白酶的激活，从而减少蛋白酶对蛋白质的水解，提高面筋生成率及面团的筋力。

（3）提高蛋白质的黏结作用。氧化剂可将小麦粉中不饱和类脂物氧化成二氢类脂物，二氢类脂物可更强烈地与蛋白质结合在一起，使整个面团体系变得更牢固，更有持气性与良好的弹性和韧性。

（4）对小麦粉有漂白作用。小麦粉中含有胡萝卜素、叶黄素等植物色素，使小麦粉颜色灰暗、无光泽。加入氧化剂后，这些色素被氧化褪色而使小麦粉变白。氧化剂的添加量不超过 75 mg/kg（抗坏血酸不限量），具体添加量可根据不同情况来调整。高筋小麦粉需要较少的氧化剂，低筋小麦粉需要较多的氧化剂。保管不好的酵母或死酵母细胞中含有谷胱甘肽，未经高温处理的乳制品中含有硫氢基团，它们都具有还原性，故需较多的氧化剂来消除。使用方法是先将其溶于 28~30 ℃水中，再在第二次调制面团时加入。

（四）乳化剂

乳化剂是一种多功能的表面活性剂，可在许多食品中使用。它具有多种功能，因此也称为面团改良剂、保鲜剂、抗老化剂、柔软剂、发泡剂等。

1. 乳化剂在谷物制品中的作用

与油脂作用形成稳定的乳化液，使制品疏松；与蛋白质作用形成面筋蛋白复合物，促进蛋白质分子间相互结合，使面筋网络更加致密而富有弹性，持气性增强，从而使制品的体积增大；与直链淀粉作用形成不溶性复合物，阻碍可溶性淀粉的溶出，从而使直链淀粉在糊化时淀粉粒间的黏结力降低，使面包柔软。另外，由于直链淀粉成为复合体后，抑制了直链淀粉的再结晶，可阻止 α-淀粉向 β-淀粉转变。同时，乳化剂还能减少与淀粉结合的水分蒸发作用，使面包较长时间地保持柔软的性质，延缓老化等。

2. 乳化剂的使用方法

乳化剂使用正确与否，直接影响其作用效果。在使用时应注意下面几点。

（1）乳浊液的类型：在食品的生产过程中，经常碰到两种乳浊液，即水/油型和油/水型。乳化剂是一种两性化合物，使用时要与其亲水-亲油平衡值（即 HLB 值）相适应。通常情况下，HLB<7 的用于水/油型，HLB>7 的用于油/水型。

（2）添加乳化剂的目的：乳化剂一般都具有多功能性，但都具有一种主要作用。例如，添加乳化剂的主要目的是增强面筋性能，增大制品体积，应选用与面筋蛋白质复合率高的乳化剂，如硬脂酰乳酸钠、硬脂酰乳酸钙、双乙酰酒石酸单（双）甘油酯等；若添加目的主要是防止食品老化，就要选择与直链淀粉复合率高的乳化剂，如各种饱和的蒸馏单甘油酸酯等；当酥性面团产生粘辊、粘帆布、印模等问题时，可以添加卵磷脂、大豆磷脂等天然乳化剂，以降低面团黏性，增加饼干疏松度，改善制品色泽，延长产品保存期。

（3）乳化剂的添加量：乳化剂在食品中的添加量一般不超过小麦粉的 1%，通常为 0.3%～0.5%。如果添加目的主要是乳化，则应以配方中的油脂总量为添加基准，一般为油脂的 2%～4%。

3. 食品中常用的乳化剂

单甘油酯、大豆磷脂、脂肪酸蔗糖酯、丙二醇酯、硬脂酰乳酸钙、硬脂酰乳酸钠等，在面包、糕点、饼干中的量一般不超过面粉的 1%，通常为 0.3%～0.5%。

（五）抗氧化剂

抗氧化剂是能阻止或推迟食品氧化，提高食品的稳定性和延长储存期的物质。抗氧化剂的种类很多，按其来源不同，可分为天然和人工合成两种。按其溶解性又分为油溶性和水溶性的。可用于谷物制品的抗氧化剂是丁基羟基茴香醚、二丁基羟基甲苯、没食子酸丙酯、茶多酚等。

（六）食用色素

谷物制品中添加合适的色素，可以改善产品的外观质量，使之色泽和谐，增加食欲，尤其是糕点类食品经美化装饰后更加吸引消费者。有些天然食品具有鲜艳的色泽，但经过加工处理后则发生变色现象。为了改善食品的色泽，有时需要使用食用色素来进行着色。

1. 食用色素分类

食用色素按其来源和性质，可分为天然色素和合成色素两大类。

1）天然色素

我国利用天然色素对食品着色已有悠久历史。天然色素来源于动物、植物、微生物，但多取自动植物组织,一般对人体无害,有的还兼有营养作用,如维生素 B_2 和 β-胡萝卜素等。天然色素着色时色调比较自然,安全性较好,但不易溶解,着色不易均匀,稳定性差,不易调配色调,价格较高。

2)合成色素

合成色素一般较天然色素色彩鲜艳,色泽稳定,着色力强,调色容易,成本低廉,使用方便。但合成色素大部分属于煤焦油染料,无营养价值,而且大多数对人体有害。因此使用量应严格执行《食品安全国家标准 食品添加剂使用标准》(GB 2760—2014)。

2. 色素的使用方法

1)色素溶液的配制

色素在使用时因很难均匀分布,不宜直接使用粉末,易形成色素斑点,因此一般先配成溶液后再使用。色素溶液浓度为 1%~10%。

2)色调选择与拼色

产品中常使用合成色素,可将几种合成色素按不同比例混合拼成不同色泽的色谱。

(七)食用香精香料

对大部分谷物制品都可以使用香料或香精,用以改善或增强香气和香味,这些香料和香精被称为赋香剂或加香剂。

香料按不同来源可分为天然香料和人造香料。

天然香料又包括动物性和植物性香料,食品生产中所用的主要是植物性香料。

人造香料是以石油化工产品、煤焦油产品等为原料经合成反应而得到的化合物。香精是由数种或数十种香料经稀释剂调和而成的复合香料。

1. 香精

食品中使用的香精主要是水溶性的和油溶性的两大类。在香型方面,使用最广的是橘子、柠檬、香蕉、菠萝、杨梅五大类果香型香精。

2. 香料

1)常用的天然香料

在食品中直接使用的天然香料主要有柑橘油类和柠檬油类,其中有甜橙油、酸橙油、橘子油、红橘油、柚子油、柠檬油、香柠檬油、白柠檬油等品种。最常用的是甜橙油、橘子油和柠檬油。

我国一些食品厂还直接利用桂花、玫瑰、椰子、莲子、巧克力、可可粉、蜂蜜、各种蔬菜汁等作为天然调香物质。

2)常用的合成香料

合成香料一般不单独用于食品加香,多数配制成香精后使用。直接使用的合成香料有香兰素等少数品种。香兰素是食品中使用最多的香料之一,为白色或微黄色结晶,熔点 81~83 ℃,易溶于乙醇及热挥发油中,在冷水及冷植物油中不易溶解,而溶解于热水中。食品中使用香兰素，应在和面过程中加入，使用前先用温水溶解，以防赋香不匀或结块而影响口味，使用量为 0.1～0.4 g/kg。

任务实施

实训任务一　面粉面筋值的测定

一、实训目的

掌握面筋值、面筋的弹性和比延伸性的简易测定方法和基本原理。

二、实训要求

（1）详细做好试验记录。

（2）注意观察试验现象。

三、原辅材料、试剂和仪器

原辅材料：特制一等粉、特制二等粉、标准粉、普通粉。

试剂：碘液。

仪器：不锈钢小盆、量筒、玻璃棒、玻璃板、电热烘箱、干燥器、天平、平皿、烧杯、100 目比延伸性测定装置等。

四、操作步骤

1. 湿面筋量的测定

（1）称样：从样品中称取定量试样。

（2）和面：将试样放入洁净的不锈钢小盆中，加入相当于试样一半的室温（20～25 ℃）水，用玻璃棒调成光滑的面团，将黏附在平皿和玻璃棒上的面屑刮下，并入面团。然后放进盛有水的烧杯中，静置约 20 min。

（3）洗涤：将面团放手上，在放有圆孔筛的不锈钢小盆的水中缓慢揉搓，洗去面团内的淀粉、麸皮等物质。洗涤过程中要更换 1～2 次清水，注意不要把面筋碎块扔掉，最终洗至面筋挤出水并用碘液（0.2 g 碘化钾和 0.1 g 碘溶于 100 mL 蒸馏水中）试验不显蓝色为止。

（4）排水：将洗好的面筋放在洁净的玻璃板上，用另一块玻璃板压挤面筋，排出面筋中的游离水，每压一次后取下并擦干玻璃板。反复压挤直到稍感面筋有粘手或粘板时为止（如无玻璃板则可用手挤水分至稍感粘手）。

（5）称重：排水后将面筋放在预先烘干称重的表面皿上称重量。

2. 比延伸性的测定

称取已洗好的面筋 2.5 g，搓成面筋球，将比延伸性测定装置 500 mL 的量筒盛入 30 ℃的清水至将满，把面筋球中心挂于量筒板的钩子上，并将砝码钩子穿于同一孔内，将量筒板盖上后，立即将装置放于 30 ℃恒温箱中，记录时间和最初的刻度。

3. 弹性的测定

将球形的面筋放在玻璃板上，用手轻轻按下，观察复原情况。

五、实训结果

1. 计算面筋含量

湿面筋值在 25%～35%为中等面筋含量，小于 25%为低面筋含量。

2. 干面筋含量

（1）将称重的湿面筋置于 105 ℃烘箱中，烘至恒重，称量。

（2）或将湿面筋重量除以 3，即得干面筋重量。

进行平行试验，求其平均值，即为测定结果，测定结果取小数点后一位。

3. 湿面筋延伸速度

$$湿面筋延伸速度＝延伸长度/延伸时间（mm/min）$$

一般生产饼干的面粉的面筋延伸速度为 10～15 mm/min，生产面包的面粉的延伸速度为 5～8 mm/min。

任务二　谷物制品的绿色蒸煮加工

任务目标	任务描述	本任务要求通过对谷物蒸煮相关知识的学习，对谷物蒸煮加工有全面的了解
	任务要求	熟悉蒸制的原理；掌握蒸煮过程中食品的变化

任务准备

一、蒸制的基本原理

蒸就是把成形的生坯置于笼屉内，架在水锅上，旺火烧开，通过蒸汽作用使其成熟的过程，行业把这种熟制法叫作蒸或蒸制法，其制品叫"蒸食"或"蒸点"。

蒸制成熟主要是通过蒸汽的热传导方式，把热量传给生坯，生坯受热后，淀粉和蛋白质发生一系列变化：淀粉受热开始润胀糊化，吸收水分变为黏稠的胶体，下屉后随温度下降，逐渐变为凝胶体，使制品表面光滑；蛋白质受热变性凝固，使制品形态固定。由于蒸制品多使用酵母和化学膨松剂，受热时会产生大量气体，也就使生坯中的面筋网络形成了大量的气泡，呈多孔结构、富有弹性的海绵膨松状态。这就是蒸制成熟的基本原理。主要的传热方式是传导和对流作用，辐射作用较少。

1. 对流换热

流体微团改变空间位置所引起的流体和固体壁面之间的热量传递过程称为对流换热。对流换热是液体或气体进行热交换的主要形式，它可分为自然对流和强制对流两种方式。自然对流是指低温而相对密度大的流体向下运动，高温而相对密度小的流体向上运动从而引起的热交换。强制对流是依赖外力作用实现热交换的对流。

在蒸柜或蒸锅中，热蒸汽混合物与面食表面的空气发生对流作用，使面食表面吸收部分热量而升高温度，同时，蒸汽在面食表面冷凝。当蒸锅中的空气排尽后，对流作用减缓，但是，由于蒸柜内有一定的压强，馒头表面的冷凝蒸汽又重新蒸发，新的蒸汽补充过来，使面食进一步升温。对流作用贯穿于蒸制的全过程，在蒸制初期起到主导作用。

2. 热传导

热传导是由物体内部分子和原子的微观运动所引起的一种热量转移方式，是物体较热部分的分子受热振动与相邻部分的分子相碰撞，使热量从物体的较热部分传到较冷部分的过程。蒸柜内的热量不仅是由水蒸气直接传导给面坯，而且面坯内部的热量是由一个质点传给另一个质点，使产品成熟。传导是蒸制面食熟制的主要传热方式之一。

3. 辐射换热

辐射换热是指通过载能电磁波使物体间发生热交换的过程。辐射换热与热传导、对流换热不同，热传导和对流换热只发生在温度不同的物体接触时，而热辐射不需要这样，因为电磁波的传播不依靠中间介质，因而辐射可以在空中传播，其辐射强度与距离、环境温度有关，故热量不需要任何介质直接辐射给面食。蒸制装置内部的蒸汽管壁、锅壁等高温界面会产生少量的热辐射。

实际上，热交换的过程往往不是由一种形式单独进行的，而是由基本过程组合而成的复合过程。在实际工作中，随着温度的变化，三种传热方式或以一种方式为主，其他两种方式为辅；或三种传热方式同时发生。汽蒸过程主要是以蒸汽为热载体，对流和传导是协同进行的。因此，需要保证对流顺利，让空气排出，热蒸汽不断补充进来并与馒头接触，蒸制设备不可过于密闭。

二、煮制的基本原理

煮制就是把成形的生坯投入沸水锅中，利用水受热后所产生的对流作用，使制品成熟。其成熟原理与蒸制相同。煮制食品品种繁多，包括面团制品和米类制品两大类，面团制品有冷水面的饺子、面条、馄饨等和米粉面团汤团、元宵等；米类制品有饭、粥、粽子等。

煮制法具有两个方面的特点。一是煮制主要依靠水的传热，而水的沸点较低，在正常气压下，沸水温度为100℃，是各种熟制法中温度最低的；加上水传导热的能力又不强，仅仅是靠对流的作用，因而，制成品受到高温影响较少，成熟较慢，加热的时间比较长。二是制品在水中受热，直接与大量水分接触，淀粉颗粒在受热的同时能充分吸水膨胀。因此，煮制的制品多较黏实、筋道，熟后重量增加。但是，在熟制过程中，必须严格控制出锅时间，否则煮制时间过长，制品受到温度和水分的影响，容易变糊变烂。

三、蒸煮过程中制品的变化

（一）温度变化

蒸制过程中，中心温度上升较慢，两边温度上升较快，其中以最近坯表面起始温度最高,升温最快。在蒸制一定时间后,制品各部分的温度都达到了近 100 ℃,制品蒸制一般都在蒸锅(蒸柜)内进行,为了加速对流运动,蒸锅(蒸柜)的锅盖上或柜的上、下面都设有排气孔。

(二)水分变化

在蒸制过程中,制品中发生最大的变化就是水分的重新分配,既有水蒸气冷凝使制品含水量的增加,又有温度的升高使制品水分的蒸发。

制品坯中心起始含水量最低,制品瓤其次,制品坯表面最高。蒸制结束后,其含水量从大到小依次为制品表面＞制品瓤＞制品中心。在蒸制的前 10 min,制品表面和中心的含水量变化较大,而制品瓤的含水量变化较迟缓。在整个蒸制过程中,无论是制品坯表面、制品瓤,还是制品中心,水分基本上均处于上升趋势。

(三)体积变化

制品的体积在蒸制过程中基本上也呈上升趋势。制品开始蒸制后,体积有显著的增长,随着温度的升高,制品体积的增长速度减慢,制品体积的这种变化与它产生的物理学、微生物学和胶体化学过程有关。第一类物理方面的影响是当把冷的制品坯放入已经煮沸的蒸锅内以后,气体发生热膨胀,面团内才有千百万个小的密闭气孔。第二类也是纯物理作用,温度升高,气体的溶解减少,由于面团发酵时所产生的气体,一部分溶解在面团的液相内,当面团温度升高到 49 ℃时溶解在液相内的气体被释出,此释出的气体即增加气体的压力,增加细胞内的膨胀力,因此整个面团逐渐膨胀。第三类物理方面的影响是低沸点的液体于面团温度超过它的沸点时蒸发而变成气体,面团发酵过程中产生了酒精,酒精在 77 ℃时即开始蒸发,增加气体压力,使气孔膨胀。除了上面三种受热后的纯物理作用影响外,另外还受酵母同化作用的影响,温度影响酵母发酵,影响二氧化碳及酒精的产量,温度越高,发酵反应越快,一直到约 60 ℃酵母被破坏为止。这些都使制品的体积增大。在制品蒸制的前段,制品的体积有显著的增长,而在蒸制的后段,制品皮形成,其延伸性丧失,透气性降低,这样也就产生了制品体积增长的阻力。与此同时,由于蛋白质的凝固和淀粉糊化使制品瓤骨架形成,也限制了制品瓤的增长。因此,在定型后,制品的体积增长较缓慢。

(四)pH 值的变化

制品在蒸制过程中酸度逐渐增大,其主要原因是酵母菌、乳酸菌、醋酸菌的存在。首先,在面团发酵过程中,酵母分泌的各种酶将各种糖最终转化成二氧化碳,使面团发酵。此时,面团发酵产生的二氧化碳使面团的 pH 值降低。其次,产酸菌活性的增强使面团在酵母发酵的同时还发生了乳酸发酵和醋酸发酵。

在蒸制过程中,温度的上升幅度较大,使三种菌的活性衰退以致消失,pH 值在蒸制的后期下降的幅度较迟缓。在蒸制中间,pH 值稍有上升,可能是发生了酸醇反应,中和了部分酸的原因,而此段时间从感官上来说有酯类香味产生,从而印证了这一点。在蒸制的最后阶段,还原糖被氧化而生成酸,以及其他的产酸反应(如酶促反应)的发生使在无产酸菌作用的情况下 pH 值又有下降的趋势。

（五）淀粉和蛋白质变化

1）淀粉的糊化和水解

制品在蒸制过程中，随着温度的升高，淀粉逐渐吸水膨胀，当温度上升至 55 ℃以上时，淀粉颗粒大量吸水到完全糊化。淀粉的糊化程度越高，熟制品的消化性就越好。

在蒸制过程中，面坯内的淀粉酶活性增强，大量淀粉水解成糊精和麦芽糖，使淀粉量有所下降。淀粉酶的作用几乎贯穿了整个蒸制过程，直到温度上升到 83 ℃左右时，β-淀粉酶才钝化，而使 α-淀粉酶钝化的温度要高达 95 ℃以上。蒸制温度较烘烤温度低得多，淀粉酶几乎在整个蒸制过程中都在水解淀粉，低分子糖的增加使产品口味变甜，所以在不加甜味剂的情况下，蒸制品较烤制的面包味甜。

2）蛋白质的变性与水解

温度升高到 70 ℃左右时，面坯中的蛋白质开始变性凝固，形成蒸制面食的骨架，使产品具有固定的形状。面筋蛋白在 30 ℃左右时胀润性最大，进一步提高温度，胀润性下降，当温度达到 80 ℃左右时，面筋蛋白变性凝固。

在蒸制中还同时伴随着蛋白质的水解，主要是蛋白水解酶的作用，蛋白水解酶一般在 80 ℃左右时钝化。酶解产生的低分子肽、氨基酸等，以及其与其他成分结合产生的物质也是制品风味的重要组成部分。

（六）微生物学变化

当制品坯上锅后，酵母就开始了比以前更加旺盛的生命活动，使制品继续发酵并产生大量气体。当制品坯加热到 35 ℃左右，也就是蒸制 5 min 左右时，酵母的生命活动达到最高峰；大约到 40 ℃，酵母的生命活动仍然强烈；加热到 45 ℃时，它们的产气能力就立刻下降；到达 50 ℃左右，酵母就开始死亡；当蒸制 10 min 以后，温度已高于 60 ℃，酵母大部分死亡。

各种乳酸菌的适宜温度不同（好温性的为 35 ℃左右，好热性的为 48~50 ℃），当制品坯开始醒发至蒸制的前 5 min，温度都没有超过 50 ℃，这期间乳酸菌的生命活动都很旺盛，乳酸菌菌落数量多，到蒸制 10 min 时温度已超过 50 ℃，也就是超过其最适温度，其生命力就逐渐减退，大约到 60 ℃时几乎全部死亡。

（七）结构的变化

蒸制中面坯形成网状的气孔结构，除了受蒸制工艺的影响外，前面的工序如发酵、醒发都对蒸制面食最后的结构产生一定的影响。

在蒸制过程中，气孔的最初形成是由面坯中的小气泡开始的，气泡受热膨胀，并由此产生外扩的作用力，压迫气孔壁，并使其变薄。

随着蒸制的进一步进行，蛋白质变性凝固，气体膨胀也达到了限度，这时产品的内部结构已经形成。

（八）风味的形成

蒸制过程中，产品的风味逐渐形成。蒸制面食除了保留原料的特有风味外，由于发酵作用还产生了其他的风味，其中最主要的是醇和酯的香味。

醇和酯主要产生于发酵过程中，在蒸制过程中挥发出，形成诱人的香气。另外，淀粉酶水解形成甜味，蛋白酶水解产生游离氨基酸而带有芳香口味，有机酸与碱在高温下形成的有机酸盐，如乳酸钠、脂肪酸钠等对风味也有所贡献。

四、蒸煮常用的操作方法

1. 蒸锅加水

蒸锅内的水量一般以八成满为准，过满，水热沸腾，冲击浸湿屉底，影响蒸制品质量；过少，产生蒸汽不足，也影响面食质量。

2. 生坯摆屉

摆屉也直接影响成品质量，必须按要求摆放好。一般要求是：第一，摆列整齐，横竖对直；第二，间距适当，使蒸制时生坯有足够的膨胀余地，否则，制品胀发，粘连在一起，不但影响形态和美观，拿取也不方便。此外，摆屉垫好屉布或纸。不同口味制品，不能摆放一屉同蒸，防止串味儿；成熟时间不同的制品，也不能同屉蒸，否则，蒸制时间不好掌握，并出现生熟不一。

3. 蒸制温度与时间

蒸制任何制品，首先必须把水烧开，当上蒸汽时，才能架上笼屉，以后再根据不同品种，调节和掌握蒸制的火候与时间，切忌以冷水或温水上笼。

从大多数品种看，蒸制品要求旺火气足，从开始到蒸制结束，都要如此。这样才能使蒸锅产生足够蒸汽和保持屉内均匀温度及湿度。否则，制品不易胀发，并出现扒锅、粘牙、夹生等一系列问题。因此，第一，笼盖必须盖紧，围以湿布，防止漏气，中途也不能开盖。第二，蒸制过程中，火力不能减弱，蒸汽也不能减少，做到一次蒸熟、蒸透。蒸制时间，根据不同品种而定，蒸纯面制品，如馒头、花卷等，时间要长一些，如蒸3~5屉，一般用20 min左右；蒸制包馅制品，一般要用15~16 min；蒸制花色品种，必须以制品内容掌握，如广式"荷叶饭"，用的原料是熟饭、熟馅，只有荷叶是生的，所以，只能蒸6~7 min，以保证荷叶鲜绿，饭香馅热，食之可口。若时间过长，荷叶变黄，饭粒发大，馅味失香，并失去荷叶的特殊清香气。一般来说，凡是花色品种，其蒸制时间较纯面制品短一些，有的只用5~6 min。蒸的时间必须恰到好处。若蒸得过久，制品会发黄、发黑、失掉色、香、味；蒸的时间不够，外皮发黏带水，无熟食香味，粘牙难吃。所以，蒸制时间的掌握是蒸制的重要环节。

以上操作是对蒸锅而言，如用蒸汽设备，也要根据制品性质，调节好气量大小和时间。由于面制食品品种复杂，也有一些品种需要中火、小火的，或先中火后小火的，如蒸制松软蛋糕，在架上笼屉后，改用中火蒸制，中途掀盖放气两三次，所以必须熟悉各种面制食品的火候与时间才能做好蒸制。

4. 成熟下屉

制品成熟,要及时下屉。衡量制品成熟与否,除正确掌握蒸的时间外,还要进行实物检查。若看着膨胀,按着无黏感,一按就鼓起来的,并有熟面香味的,即是成熟;反之,膨胀不大,手按发黏(即发溶),凹下不起,又无熟食香味的即未成熟或未完全成熟。或用一根细长的竹签,插入制品内,抽出后查看,如竹签上粘有糊状物,即未成熟;反之,表示成熟。

5. 经常换水

在大量蒸制后,蒸锅内水质发生变化,也会影响蒸制品的质量。如果蒸制酵面制品多,锅内的水就含较多碱质;蒸烧卖、小笼包等制品多,锅内的水则会出现油腻浮层。对此,一般应重新换上清水或撇出浮油,以保持水质清洁。

 任务实施

实训任务二 红糖包的制作

一、实训目的

通过实训任务掌握红糖包的制作方法。

二、实训要求

(1)详细做好试验记录。

(2)注意观察试验现象。

(3)分析影响成品质量的因素。

三、原辅材料和仪器

原辅材料:面粉、酵母、红糖、芝麻、熟食用植物油、食用碱。

仪器:蒸锅等。

四、操作步骤

(1)将面粉上屉蒸熟,取出凉凉,擀成碎末,过筛制成熟面粉;芝麻淘洗干净,沥水晾干,用小火炒熟,压成芝麻末。把红糖放入盆内,加入熟面粉、芝麻末、熟食用植物油拌匀成红糖馅。

(2)将酵母放入盆内,用温水化开,加入面粉和成发酵面团,待酵面发起,加食用碱揉匀,搓成长条,揪成每个 50 g 重的面剂,逐个按成中间稍厚、周边较薄的圆皮,包入红糖馅,收边捏紧即成红糖包生坯。

(3)将生坯摆入屉内,用旺火、沸水蒸 15 min 即成。

五、成品质量要求

外观符合红糖包应有的外观,形状均匀一致,不露馅。具有该产品应有的色泽。具有小麦粉经发酵、蒸制后特有的滋味和气味。细腻滑润，不粘牙。

实训任务三　其他谷物蒸制项目选作

一、实训目的
通过实训项目掌握糖三角、"甜一口"包、白糖包的制作方法。

二、实训要求
（1）详细做好试验记录。
（2）注意观察试验现象。
（3）分析影响成品质量的因素。

三、实训内容

（一）糖三角

1. 原辅材料和仪器

原辅材料：面粉、酵母、熟面粉、红糖、食用碱。

仪器：蒸锅等。

2. 操作步骤

（1）将红糖放入盆内，加入熟面粉掺和均匀成红糖馅。将酵母放入盆内，用温水化开，加入面粉和成发酵面团，把发好的面加入食用碱水揉匀搋透，稍待一会儿，搓成条，揪成每个 50 g 的面剂，按压成中间厚、周围略薄的圆皮，逐个放入 25 g 红糖馅，用手拢起，捏成三角形，口要捏严。

（2）将蒸锅加水烧沸，把糖三角生坯逐个码入屉内，用旺火、沸水蒸 15 min 即成。

3. 成品质量要求

符合糖三角应有的外观，形状均匀一致，不塌陷。具有该产品应有的色泽。具有小麦粉经发酵、蒸制后特有的滋味和气味。细腻滑润，不粘牙。

（二）"甜一口"包

1. 原辅材料和仪器

原辅材料：面粉、酵母、猪肥膘肉、白糖、熟面粉、花生仁、黑芝麻、精盐、食用碱。

仪器：蒸锅等。

2. 操作步骤

（1）将花生仁、黑芝麻分别炒香，研成末。猪肥膘肉切成小丁，与花生仁、黑芝麻、白糖、熟面粉及精盐拌匀成馅。

（2）将酵母放入盆内，用温水化开，加入白糖、面粉和成发酵面团，静置发酵，待面发起，兑入适量食用碱水揉匀揉透。把面团搓成长条，揪成每个 50 g 的面剂，逐个搓圆按扁，擀成边缘略薄、中间稍厚的圆皮，打入馅心，收严剂口朝下，摆入屉内，上笼用旺火、沸水蒸 10 min 即成。

3. 成品质量要求

符合"甜一口"包应有的外观，形状均匀一致，不塌陷。具有该产品应有的色泽。具有小麦粉经发酵、蒸制后特有的滋味和气味。细腻滑润，不粘牙。

（三）白糖包

1. 原辅材料和仪器

原辅材料：面粉、酵母、白糖馅、食用碱。

仪器：蒸锅等。

2. 操作步骤

（1）将酵母放入盆内，用温水化开、加入面粉和成发酵面团，待酵面发起，加入适量食用碱水揉匀，静置发酵。

（2）将面团搓成条，揪成每个 50 g 的面剂，逐个按压成中间稍厚、边缘稍薄的锅底状圆皮。将白糖馅放在剂皮中心，将剂口收严呈馒头状。再用不锈钢夹子把糖包周围捏成花边即成。然后，把糖包生坯摆入屉内，用旺火、沸水蒸 15 min 即成。

3. 成品质量要求

符合白糖包应有的外观，形状均匀一致，不塌陷。具有该产品应有的色泽。具有小麦粉经发酵、蒸制后特有的滋味和气味。细腻滑润，不粘牙。

任务三 谷物制品绿色焙烤加工

任务目标	任务描述	本任务要求通过对谷物焙烤加工工艺及工艺要点的学习，了解焙烤的绿色加工及相关知识
	任务要求	了解焙烤制品概念及分类、焙烤加工的基本原理；掌握焙烤加工工艺、生产技术；掌握不同焙烤制品的制作；熟悉糕点质量标准及要求

 任务准备

一、蛋糕

（一）蛋糕的概念

蛋糕是一种以面粉、鸡蛋、糖等为主要原料，经搅打充气，辅以疏松剂，通过烘烤或蒸汽加热而使组织松发的一种疏松绵软、适口性好的方便食品。

蛋糕具有浓郁的香味，质地柔软，富有弹性，组织细腻多孔，软似海绵，易消化，是一种营养丰富的食品。

（二）蛋糕的分类

蛋糕的种类很多，归纳起来可分为三大类。

1. 油底蛋糕（面糊类蛋糕）

油底蛋糕主要原料是蛋、糖、面粉和黄油。它利用配方中固体油脂在搅拌时拌入空气，使面糊于烤炉内受热膨胀而成。它的面糊浓稠、膨松，产品特点：油香浓郁，口感深香有回味，结构相对紧密，有一定的弹性。

2. 乳沫类蛋糕

乳沫类蛋糕可分为蛋白类和全蛋类两种。

蛋白类——天使蛋糕，主要原料为蛋白、白砂糖、面粉。特点：洁白，口感稍显粗糙，味道不算太好，但外观漂亮，蛋腥味浓。

全蛋类——海绵蛋糕，主要原料为全蛋、白砂糖、面粉、蛋糕油和液体油。特点：口感清香，结构绵软，有弹性，油脂轻。

3. 戚风类蛋糕

所谓戚风，是英文 chiffon 译音，该单词原是法文，意思是拌制的馅料像打发的蛋白那样柔软。戚风的打发正是将蛋黄和蛋白分开搅拌，先把蛋白部分搅拌得很蓬松柔软，再拌入蛋黄面糊，因而这类蛋糕被称为戚风蛋糕。它的面糊稀软、蓬松，产品特点：有蛋香、油香，有回味，结构绵软有弹性，组织细密紧韧。

（三）蛋糕的生产技术

1. 蛋糕加工的基本原理

1）蛋糕的膨松原理

蛋糕的膨松主要是物理性能变化的结果。经过机械搅拌，使空气充分混入坯料中，经过加热，空气膨胀，坯料体积疏松而膨大。蛋糕用于膨松充气的原料主要是蛋白和奶油（又称黄油）。

蛋白是黏稠的胶体，具有起泡性。蛋白液的气泡被均匀地包在蛋白膜内，受热后气泡膨胀。黄油在搅拌过程中能够大量拌入空气以至起发。

2）蛋糕的熟制原理

熟制是蛋糕制作中最关键的环节之一。常见的熟制方法是烘烤、蒸制。制品内部所含的水分受热蒸发，气泡受热膨胀，淀粉受热糊化，疏松剂受热分解，植物蛋白质受热变性而凝固，最后蛋糕体积增大，蛋糕内部组织形成多孔洞的瓜瓤状结构，使蛋糕松软而有一定弹性。面糊外表皮层在高温烘烤下，糖类发生美拉德和焦糖化反应，颜色逐渐加深，形成悦目的棕黄褐色泽，具有令人愉快的蛋糕香味。制品在整个熟制过程中所发生的一系列物理、化学变化，都是通过加热而产生的，因此大多数制品特点的形成，主要是炉内高温作用的结果。

2. 蛋糕生产工艺

1）蛋糕生产工艺流程

原料准备→打糊→拌粉→装模→焙烤（或蒸）→冷却→脱膜→包装。

2）蛋糕生产过程

（1）原料准备阶段主要包括原料清理、计量，如鸡蛋清洗、去壳，面粉和淀粉疏松、碎团等。面粉、淀粉一定要过筛（60目以上）轻轻疏松一下，否则，可能有块状粉团进入蛋糕中，使面粉或淀粉分散不均匀，从而导致成品蛋糕中有硬心。

（2）打糊。对于以鸡蛋为主的清蛋糕来说，打糊主要是将鸡蛋与糖放于一起充分搅打，使鸡蛋胀发，尽量使之溶有大量空气泡，同时使糖溶解。打好的鸡蛋糊有稳定的泡沫，呈乳白色，体积为原来的3倍左右。打糊是蛋糕生产的关键，蛋糊打得好坏与否将直接影响成品蛋糕的质量，特别是蛋糕的体积质量（蛋糕质量与体积之比）。若蛋糊打得不充分，则焙烤后的蛋糕胀发不够，蛋糕的体积质量变小，蛋糕松软度差。若蛋糊打过头，则因蛋糊的"筋力"被破坏，持泡能力下降，蛋糊下塌，焙烤后的蛋糕虽能胀发，但因其持泡能力下降而表面凹陷。

蛋糊的起泡性与持泡能力还与打蛋时的温度有关。打蛋时蛋糊温度升高，则黏稠度下降，起泡性增加，易于起泡胀发，但持泡能力下降。一般在21℃时，起泡能力和持泡性平衡。因此，冬季打蛋时应采取保暖措施，以保证蛋糊质量。

在工厂生产蛋糕时，有时用蛋量比较少，蛋糊比较稠，则可在打蛋时加入适量的水。因水无起泡性，一般在蛋糊快打好时再加入，否则虽有利于打蛋时起泡，但蛋糊持泡能力太差也会影响蛋糕质量。

油脂是消泡剂，当容器周围残留有油脂时，会严重影响鸡蛋的起泡性。因此，打蛋时容器一定要清洁。

对于油蛋糕来说，打糊主要是将糖与人造奶油混在一起先搅打，使糖均匀分散于油脂中，再将鸡蛋慢慢加入，一起搅打至呈乳白色，即打糊完毕。

与鸡蛋不同，人造奶油起泡性很差，其打糊后的胀发性不强，因此，油蛋糕的体积质量一部分是靠膨松剂来达到的。

（3）拌粉。拌粉即将过筛后的面粉与淀粉混合物加入蛋糊中搅匀的过程。对清蛋糕来说，若蛋糊经强烈的冲击和搅动，泡就会被破坏，不利于焙烤时蛋糕胀发。因此，加粉时只能慢慢将面粉倒入蛋糊中，同时轻轻搅动蛋糊，以力度最轻、最少次数翻动，拌至见不到生粉即可。

对油蛋糕来说，则可将过筛后的面粉、淀粉和膨松剂慢慢加入打好的人造奶油与糖混合物中，用打蛋机的慢挡或人工搅动来拌匀面粉。当然不宜用力过猛。

（4）装模、焙烤（或蒸）、冷却、脱膜、包装。为防止面粉下沉，拌糊后的蛋糊应立即装模焙烤。蛋糕模的形状各式各样，因厂而异。对焙烤蛋糕来说，要在模内涂上一层植物油或猪油以防止粘膜，然后轻轻将蛋糊均匀加于其中，并送至烤炉中焙烤。整个过程中不能用力撞击蛋糊。

蛋糕焙烤的炉温一般在200℃左右。清蛋糕180℃，20 min；油蛋糕220℃，40 min。焙烤过程中，首先烤炉中水蒸气在蛋糕糊表面冷凝积露，待蛋糕糊表面温度上升至100℃后，水分开始汽化，蛋糕糊内部水分向表面扩散，由表面逐渐蒸发出去。与此同时，蛋糕糊内部气泡逐渐受热膨胀，使蛋糕体积膨胀。当温度达一定程度后，蛋白质凝固和淀粉吸水膨胀胶凝，蛋糕定型。由于淀粉胶凝需吸收大量水分，故成品蛋糕均较柔软。

当水分蒸发到一定程度后再加上蛋糕表面温度的上升，在表面形成了由焦糖化反应和美拉德反应引起的金黄色，产生了特殊的蛋糕香味。

蛋糕烤熟程度可以用蛋糕表面颜色深浅或蛋糕中心的蛋糊是否粘手为标准。成熟的蛋糊表面一般为均匀的金黄色，若有像蛋糊一样的乳白色，说明并未烤透。蛋糕中的蛋糊仍粘手，说明未烤熟；不粘手，则焙烤即可停止。

烤炉可以是间歇式的，也可以是连续式的。刚出炉的蛋糕很柔软，应稍冷却后再脱膜。脱膜后的蛋糕冷透后再行包装、出售。

蒸蛋糕时，先将水烧开后再放上蒸笼，大火加热蒸 2 min 后，在蛋糕表面结皮之前，用手轻拍笼边或稍振动蒸笼以破坏蛋糕表面气泡，避免表面形成麻点；待表面结皮后，火力稍降，并在锅内加少量冷水，再蒸几分钟使糕坯定型后加大炉火，直至蛋糕蒸熟。实际生产中的蒸锅一般均为间歇式的。出笼后，撕下白细布，表面涂上麻油以防粘皮。冷却后可直接切块销售，也可分块包装出售。

（四）蛋糕质量标准及要求

1. 蛋糕的感官鉴别

在对蛋糕质量的优劣进行感官鉴别时，首先应该观察其外表形态与色泽，然后切开检查其内部的组织结构状况，留意蛋糕的内质与表皮有无霉变现象。感官品评蛋糕的气味与滋味时，尤其应该注意以下三个方面：一是有无油脂酸败带来的哈喇味，二是口感是否松软利口，三是咀嚼时有无矿物性杂质带来的杂声。

2. 蛋糕质量感官鉴别后的食用原则

蛋糕类属于食用前不需要经过加热或任何其他形式的处理就可以直接食用的食品，如果在生产、销售过程中受到微生物或其他有害物质的污染，很容易造成食物中毒或其他食源性疾病。因此，在食用前除了对其进行感官鉴别外，还应对其包装容器、保存时间等进行检查。良质蛋糕可以不受任何限制地食用或销售。次质蛋糕一般可以食用，但应限期尽快食用或售完，严禁长期储存。对于质量稍差的次质蛋糕应加热后食用，对于不能加热的应改作他用。劣质蛋糕禁止食用，应销毁或作为工业用料或饲料。

3. 蛋糕的保质期

各类蛋糕产品之所以各具风味，除了采用原料和操作要点不同以外，与产品含水量也有极大的关系，为保持产品原有的风味特点，确保产品的质量，根据各类产品含水量的不同，应规定不同的保质期。

奶油蛋糕（包括人造奶油）和奶白等裱花蛋糕要以销定产，当天生产当天售完。

其他中西式蛋糕要当天生产、当天送货，商店在 2 d 内售完。

熟糕粉成形蛋糕和经烘焙含水分较低的香糕、印糕、火炙糕、云片糕、切糕等存厂期不超过 2 d，零售不超过 10 d。

有外包装的产品，均应盖有出厂和销售截止日期。

4. 蛋糕的干缩、走油、变质

含有较高水分的蛋糕（如蒸制糕类品种）在空气中温度过低时，就会散发水分，出现皱皮、僵硬、减重现象，称为干缩。蛋糕干缩后不仅外形起变化，口味也显著变差。蛋糕中不少品种都含有油脂，受了外界环境的影响，常常会向外渗透，特别是与有吸油性的物质接触时（如有纸包装），油分渗透更快，这种现象称为走油。蛋糕走油后，会失去光泽和原有风味。蛋糕是营养成分很高的食品，被细菌、霉菌等微生物侵染后，霉菌等极易生长繁殖，就是通常所见的发霉。蛋糕一经发霉后，必定引起品质的劣变，而成为不能食用的废品。

二、面包

（一）面包的概念

面包是一种经过发酵的烘焙食品。它是以小麦粉、酵母、盐和水为基本原料，添加适量糖、油脂、乳品、鸡蛋、果料、添加剂等，经搅拌、发酵、成形、醒发、烘焙而制成的组织松软的方便食品。面包与饼干、蛋糕的区别在于面包的基本风味和膨松组织结构，主要是靠发酵工序完成的。面包是谷物制品中历史最悠久、消费量最大、品种繁多的一大类食品。

（二）面包的特点

1. 易于机械化和大规模生产

生产面包有定型的成套设备，可以大规模机械化、自动化生产，生产效率高，便于节省大量的能源、人力和时间。

2. 耐储存

面包是经 200 ℃以上的高温烘烤而成的，杀菌比较彻底，甚至连中心部位的微生物也能杀灭，一般可储存几天不变质，比米饭、馒头耐储存。

3. 食用方便

面包的包装简单，携带方便，可以随吃随取，不像馒头、米饭还得配菜，特别适于旅游和野外工作的需要。

4. 易于消化吸收、营养价值高

制作面包的面团经过发酵，使部分淀粉分解成简单的和易于消化的糖，面包内部形成大量蜂窝状结构，扩大了人体消化器官中各种酶与面包接触的面积，而且面包中的碳水化合物经糊化后，有利于消化吸收。

面包在人体中的消化率高于馒头10%，高于米饭20%左右。面包的主要原料面粉中含有大量的碳水化合物、蛋白质、脂肪、维生素和矿物质，酵母的含氮物质中包括蛋白

质 63.8%，因此可作为未来人类蛋白质的一个重要来源。酵母含有的几种维生素及钙、磷、铁等人体必需的矿物质均比鸡蛋、牛奶、猪肉丰富得多。酵母中赖氨酸的含量较高，能促进人体生长发育。面包的发热量也高于馒头和大米饭。

（三）面包的分类

目前，国际上尚无统一的面包分类标准。特别是随着面包工业的发展，面包的种类不断翻新，面包的分类也各不相同。我国对面包的分类大致有以下两种。

1. 按面包原料及食用目的分类

按面包原料及食用目的分类，可分为风味多样的主食面包、花式各样的甜面包、口味各异的加馅面包、层次分明的嵌油面包、食疗兼备的保健面包、免用烤箱的油面包、快速简便的三明治、形态逼真的象形面包。

2. 按常用的面包分类

1）硬质面包

硬质面包是一种内部组织水分少，结构紧密、结实的面包。它的特点是面包越吃越香，经久耐嚼且具有浓郁的醇香。硬质面包配方中使用的糖、油脂皆为面粉用量的 4%以下，所采用的面粉介于高筋面粉和中筋面粉之间，并相应地减少加水量，其目的是控制面筋的扩展程度和体积的膨胀，缩短发酵所需时间，从而使烘焙后的食品具有整体的结实感。如法国面包，其特点是具有吐司面包所不及的浓馥麦香味道，表皮或硬或脆，内部组织有韧性，但并不太强，有嚼劲，硬质面包的保质期较一般面包长，比较经济实惠。

2）软质面包

软质面包，体形较大，柔软细致，须用烤模烤焙，此类面包讲求式样美观，组织细腻，需要有良好的烤焙弹性，面筋须充分搅拌出来，基本发酵必须适当，才能得到良好形态和组织，其特性为表皮颜色呈金黄色，且薄而柔软，内部组织颜色洁白或浅如白色并有丝状光泽，组织细腻均匀，咀嚼时容易嚼碎且不粘牙。

3）脆皮面包

脆皮面包的特性是产品面团中裹入很多有规则层次油脂，加热汽化成一层层又松又软的酥皮，外观呈金黄色，内部组织层层松脆。

4）松质面包

松质面包可添加各种口味馅料，其配方中使用的糖、油脂皆为面粉量的10%以上，馅料应为面团质量的 20%以上，组织较为柔软，可应用各式馅料来做成最终的烘焙品。其成本较高，配方中含糖、蛋、油脂量较多，外表形状及馅料变化多，外观漂亮美观，内部组织细致均匀，风味香甜柔软。

5）杂粮面包

杂粮面包是在软质面包或硬质面包中添加谷物或核果，且添加量不得低于面粉量20%的面包，如杂粮葡萄面包、葵花子面包等。其成本较低，高纤维面包配方中油、糖、蛋含量极微，甚至有些不添加，有些产品配方中含麸皮、稞麦、黄豆、葵花子等多种谷类原料，其目的是通过杂粮的加入，增加各种蛋白质、脂肪、氨基酸等营养成分，易于被人体吸收。此种面包外观呈光亮状，内部组织较为紧密，外皮酥脆。杂粮面包中杂粮的亲水率较面粉低，其内部结构松软而富有弹性，也有的将松质面包、杂粮面包等保健面包和三明治面包及各种花样面包合并为一起。

（四）面包生产工艺

1. 面包的生产工艺流程

面包的制作包括三大基本工序，即面团搅拌、面团发酵和成品焙烤。在这三大基本工序的基础上，根据面包品种特点和发酵过程常将面包的生产工艺方法分为一次发酵法、二次发酵法和快速发酵法。

1）一次发酵法

一次发酵法的优点是发酵时间短，提高了设备和车间的利用率，提高了生产效率，且产品的咀嚼性、风味较好。缺点是面包的体积较小，且易于老化；批量生产时，工艺控制相对较难，一旦搅拌或发酵过程出现失误，无弥补措施。

一次发酵法的工艺流程：配料→搅拌→切块→发酵→搓圆→整形→醒发→烘烤→刷油→冷却→包装→成品。

2）二次发酵法

二次发酵法的优点是面包的体积大，表皮柔软，组织细腻，具有浓郁的芳香风味，且成品老化慢。缺点是投资大，生产周期长，效率低。

二次发酵法的工艺流程：种子面团搅拌→种子面团发酵→主面团搅拌→主面团发酵→分块→成形→醒发→烘烤→冷却→包装→成品。

3）快速发酵法

快速发酵法是指发酵时间很短（20～30 min）或根本无发酵过程的一种面包加工方法。整个生产周期只需 2～3 h。其优点是生产周期短、生产效率高、投资少，可用于特殊情况或应急情况下的面包供应。缺点是成本高，风味相对较差，保质期较短。

快速发酵法工艺流程：配料→搅拌→静置→压片→卷起→分块称重→成形、装盘→醒发→烘烤→冷却→包装→成品。

2. 面包生产技术要点

1）面包的配方

面包配方是指制作面包的各种原辅料之间的配合比例。设计一种面包的配方，首先要根据这种面包的色、香、味与营养成分、组织结构等特点，充分考虑各种原辅料对面包加工工艺及成品质量的影响，在选用基本原料的基础上，确定添加哪些辅助原料。

面包配方中基本原料有面粉、酵母、水和食盐，辅料有白砂糖、油脂、乳粉、改良剂及其他乳品、蛋、果仁等。面包配方量一般用百分比来表示，即面粉的用量为 100，其他配料占面粉用量的百分之几。例如，甜面包配方为面粉 100、水 58、白砂糖 18、鸡蛋 12、奶粉 5、酵母 1.4、食盐 0.8、复合改良剂 0.5。

2）面团的调制

面团调制也称调粉或搅拌，它是指在机械力的作用下，各种原辅料充分混合，面筋蛋白和淀粉吸水润胀，最后得到一个具有良好黏弹性、延伸性、柔软、光滑面团的过程。面包制作最重要的两个工序就是面团的调制和发酵。

（1）面团搅拌的投料顺序。调制面团时的投料次序因制作工艺的不同略有差异。一次发酵法的投料次序：先将所有的干性原料（面粉、奶粉、白砂糖、酵母等）放入搅拌机中，慢速搅拌 2 min 左右，然后边搅拌边缓慢加入湿性原料（水、蛋液、奶等），继续慢速搅拌 3～4 min，最后在面团即将形成时，加入油脂和食盐，快速搅拌 4～5 min，使面团最终形成。二次发酵法是将部分面粉和全部酵母、改良剂、适量水和少量糖先搅成面团，一次发酵后，再将其余原料全部放入和面机中，最后放入油脂和盐。由此可知，不论采用何种发酵工艺，油脂和食盐都是在面团基本形成时加入，原因是食盐和糖有抑制面粉水化的作用。

（2）面团的发酵。面团的发酵是以酵母为主，以及有面粉中的微生物参加的复杂发酵过程。在酵母的转化酶、麦芽糖酶和酿酶等多种酶的作用下，将面团中的糖分解为乙醇和二氧化碳，伴随各种微生物酶的复杂作用，在面团中产生各种糖氨基酸有机酸酯类，使面团具有芳香气味。面团在发酵的同时也进行着一个成熟过程。

3）面团成熟

面团发酵时，经过一系列复杂的变化，达到制作面包的最佳状态，这一过程被称为成熟，此时是调制好的面团，经过适当时间的发酵，蛋白质和淀粉的水化作用已经完成，面筋的结合扩张已经充分，薄膜状组织的伸展性也达到一定程度，氧化也进行到适当地步，使面团具有最大的气体保持力和最佳风味条件。对于还未达到这一目标的状态，称为不熟，如果超过这一时期则称为过熟，这两种状态的气体保持力都较弱。在面包制作中，发酵面团是否成熟是决定成品品质高低的关键，因此，如何判断发酵面团是否成熟十分重要。

4）面包的整形

将发酵好的面团做成一定形状的面包坯称作整形。整形包括分块、称量、搓圆、中间醒发、压片、成形。在整形期间，面团仍进行着发酵过程，整形室所要求的条件是温度 26～28 ℃，相对湿度 85%。

分块应在尽量短的时间内完成，主食面包的分块最好在 15～20 min 完成，点心面包最好在 30～40 min 完成，否则会因发酵过度影响面包质量。由于面包在烘烤中有 10%～12% 的质量损耗，故在称量时将这一质量损耗计算在内。

搓圆就是使不整齐的小面块变成完整的球状，恢复在分割中被破坏的面筋网络结构。手工搓圆的要领是手心向下，用五指握住面团，向下轻压，在面板上顺一个方向迅速旋转，将面团搓成球状。中间醒发也称静置。面团经分块、搓圆后，一部分气体被排除，内部处于紧张状态，面团缺乏柔软性，如立即进行压片或成形，面团的外皮易被撕裂，不易保持气体，因此需要一段时间的中间醒发。中间醒发的工艺参数为温度 27～29 ℃，相对湿度 80%～85%，时间 12～18 min。

压片是提高面包质量、改善面包纹理结构的重要手段。其主要目的是将面团中原来不均匀的大气泡排除掉，使中间醒发产生的新气泡在面团中均匀分布。压片分为手工压片和机械压片，机械压片效果好于手工压片。压片机的技术要求是转速140~160 r/min，辊长220~240 mm，压辊间距0.8~1.2 cm。如果生产夹馅面包，压辊间距应为0.4~0.6 cm，面片不能太厚。

成形是将压片的小面团做成所需要的形状，使面包的外观一致。一般花色面包多用手工成形，主食面包多用机械成形。

5）最终发酵

成形后还需要一个醒发过程，也称为最终发酵。经过整形的面团，几乎已失去了面团应有的充气性质，面团经过辊轧、卷压等整形过程，大部分气体已被压出，同时面筋失去原有的柔软性而变得脆硬和发黏，如立即送入炉内烘烤，则烘烤的面包体积小，组织颗粒非常粗糙，同时顶上或侧面会出现空洞和边裂现象。为得到形态好、组织好的面包，必须使整形好的面团重新再产生气体，使面筋柔软，增强面筋伸展性和成熟度。

醒发的工艺条件为温度38~40 ℃，相对湿度80%~90%。最后发酵时间要根据酵母用量、发酵温度、面团成熟度、面团的柔软性和整形时的跑气程度而定，一般为30~60 min。对于同一种面包来说，最后发酵时间应越短越好，时间越短做出的面包组织越好。

一般最后发酵结束时，面团的体积应是成品体积的80%，其余20%留在炉内胀发。对于方包，因为烤模带盖，所以好掌握，一般醒发到80%就行，但对于山型面包和非听型面包就要凭经验判断。一般听型面包都以面团顶部离听子上缘的距离来判断的。

用整形后面团的胀发程度来判断，要求胀发到装盘时的3~4倍。

根据外形、透明度和触感判断。发酵开始时，面团不透明并发硬，随着不断膨胀，面团变柔软，表面有半透明的感觉。最后，随时用手指轻摸面团表面，感到面团越来越有一种膨胀起发的轻柔感，根据经验利用以上感觉判断最佳发酵时间。

6）面包的焙烤与冷却

焙烤是指醒发好的面包坯在烤箱中成熟的过程。面团在入烤箱后的最初几分钟内，体积迅速膨胀。

其主要原因有两方面：一方面是面团中已存留的气体受热膨胀；另一方面由于温度的升高，在面团内部温度低于45 ℃时，酵母变得相当活跃，产生大量气体。一般面团的快速膨胀期不超过10 min。随后的焙烤过程主要是使面团中心温度达到100 ℃，水分挥发，面包成熟，表面上色。

面包焙烤的温度和时间取决于面包辅料成分多少、面包的形状、大小等因素。焙烤条件的范围大致为180~220 ℃，时间15~50 min。焙烤的最佳温度、时间组合必须在实践中摸索，根据烤炉不同、配料不同、面包大小不同具体确定，不能生搬硬套。

有些面包烤炉上有加湿器，通过加湿可以控制面包皮的薄厚。面包皮的形成是面团表面迅速干燥的结果。由于面团表面与干燥的高温空气接触，其水分汽化非常快。如果需要较厚的面包皮，一般需要向烤炉内加湿，使面包表面水分汽化速率减慢，表面受到较大程度的焙烤，从而形成较厚的面包皮。

若使用的烤炉能控制面火和底火，在焙烤的初始阶段，底火应高于面火，以利于水分挥发，体积最大限度地膨胀。上火 160 ℃，下火 180~185 ℃，在焙烤的后期，上火应上升至 210~220 ℃ 上色，下火仍在 180~185 ℃。

如果不能控制底火和面火，可用分阶段升温法。初始温度为 180~185 ℃，中间温度为 190~200 ℃，最后温度为 210~220 ℃。

面包需冷却后才能包装。由于刚出炉的面包表面温度高（一般大于 180 ℃），面包的表皮硬而脆，面包内部含水量高，瓢心很软，经不起外界压力，稍微受力就会使面包压扁，压扁的面包回弹性差，失去面包固有的形态和风味。出炉后经过冷却，面包内部的水分随热量的散发而蒸发，表皮冷却到一定程度就能承受压力，可以进行挪动和包装。

三、饼干

（一）饼干的概念

饼干是以小麦粉、糖类、油脂、乳品、蛋品等为主要原料经调制烘焙而成的食品。饼干口感酥脆，含水量少，体积轻，块形完整，易于保藏，便于包装和携带，食用方便。

（二）饼干的分类及特点

由于各种饼干的配方、制作工艺、口味不同，以及外形、消费对象也不同，饼干的分类存在许多不同的方法。按口味的不同，可把饼干分为甜饼干、咸饼干和椒盐饼干；按配方的不同，可分为奶油饼干、蛋黄饼干、维生素饼干、蔬菜汁饼干等；按食用对象的不同，可分为婴儿饼干、儿童饼干等；按外形的不同，分为大方饼干、小圆饼干、动物饼干、数字饼干、玩具饼干等；此外还有功能饼干等。根据工艺的特点对饼干的分类有两种方法：一是以原料的配比来分，有粗饼干、韧性饼干、酥性饼干、甜酥性饼干和发酵（苏打）饼干；二是以产品的结构和造型来分，有冲印饼干、辊切饼干、辊印饼干、挤压饼干、挤条饼干、挤浆饼干和挤花饼干等。

1. 酥性饼干

酥性饼干是以小麦粉、糖、油脂为主要原料，加入膨松剂和其他辅料，经冷粉工艺调粉、辊印或辊切成形，烘焙而制成的焙烤食品。其造型多为凸花，断面结构呈多孔状组织，口感疏松。

2. 韧性饼干

韧性饼干是以小麦粉、糖、油脂为主要原料，加入膨松剂、改良剂及其他辅料，经热粉工艺调粉、辊压或辊切、冲印成形，烘焙而制成的烘焙食品。其造型多为凹花，外表光滑、平整，一般有针眼，断面结构有层次、口感松脆。

3. 发酵饼干

发酵饼干是以小麦粉、油脂为主要原料，以酵母为膨松剂，加入各种辅料，经调粉、发酵、辊压成形，烘焙而成的松脆且具有发酵制品特有香味的烘焙食品。

4. 薄脆饼干

薄脆饼干是以小麦粉、油脂为主要原料，加入调味品等辅料，经调粉、成形、烘焙而制成的薄脆的焙烤食品。

5. 曲奇饼干

曲奇饼干是以小麦粉、油脂、糖、乳制品为主要原料，加入其他辅料，经调粉并采用挤注、挤条、钢丝切割方法中的一种形式成形、烘焙而制成的具有立体花纹或表面有规则波纹的酥化焙烤食品。

6. 夹心饼干

夹心饼干是在两块饼干之间夹糖、油脂或果酱为主要原料的各种夹心料的多层夹心焙烤食品。

7. 华夫饼干

华夫饼干是以小麦粉（或糯米粉）、淀粉为主要原料，加入乳化剂、膨松剂等辅料，经调浆、浇注、烘焙而制成的多孔状的松脆片子，并在片子之间夹以糖、油脂为主要原料的各种夹心料的多层夹心焙烤食品。

8. 蛋圆饼干

蛋圆饼干是以小麦粉、糖、鸡蛋为主要原料，加入膨松剂、香料等辅料，经搅打、调浆、浇注、烘焙而制成的松脆焙烤食品。

9. 水泡饼干

水泡饼干是以小麦粉、鲜鸡蛋为主要原料，加入膨松剂，经调粉、多次辊轧、成形、沸水烫漂、冷水浸泡、烘焙而制成的具有浓郁香味的疏松焙烤食品。

10. 粘花饼干

粘花饼干是以小麦粉、白砂糖或绵白糖、油脂为主要原料，加入乳制品、蛋制品、膨松剂、香料等辅料，经调粉、成形、烘焙、冷却、表面裱粘糖花、干燥制成的松脆焙烤食品。

11. 蛋卷

蛋卷是以小麦粉、白砂糖或绵白糖、鸡蛋为主要原料，加入膨松剂、香精等辅料，经搅打、调浆、浇注、烘焙卷制而成的松脆焙烤食品。

除了以上几种饼干外，还有压缩饼干等特制饼干和一些西式饼干。

（三）饼干生产工艺

1. 面团的调制

面团的调制是饼干生产中首道工序，也是最关键的一道工序。它是将各种原辅材料按照配方要求配合好，再根据工艺特点按一定次序把料进行调制。

面团调制的基本过程：是由自由水逐步转变为水化水的水化过程。该过程分为三个阶段：面团拌和阶段，物料呈分散的非均态混合态；面团形成阶段，整个面团外观上呈现软硬不一的状态；面团成熟阶段。

1）酥性面团的调制

酥性面团调制温度为 20 ℃左右，故俗称冷粉。为达到酥性面团调粉要求，需适当控制面筋的吸水率，在调粉过程中要控制好以下几方面的因素。

（1）配料次序。油、糖、水等辅料先搅拌混合，再与面粉、奶粉等原料混合。目的是限制植物性蛋白质水化作用，控制面筋形成的程度。

（2）糖、油用量。糖、油都具有反水化作用，能把已吸收的水排挤出来，使面团变软。用糖量影响面粉的吸水率，也能改变面筋的性能。油脂量关系到面筋的生成量。酥性面团在调制过程中必须注意起筋问题。

（3）加水量。加水量的多少与湿面筋的形成密切相关，调粉中不可随意加水，否则容易起筋。

（4）淀粉量。对面筋量过高的面粉可掺入适量的淀粉，以冲淡面筋浓度。

（5）面团的温度。油脂含量较少的面团应控制面团温度在 30 ℃以下。油脂含量较高的面团，其面团温度一般控制在 20 ℃左右。

（6）调粉时间和静置时间。面团调制时间是控制面筋形成程度和限制面团弹性的最直接因素。静置只适合调粉不足的面团。

2）韧性面团的调制

韧性面团调制的温度为 36 ℃左右，故俗称热粉。为获得理想的酥性面团，在调粉时要严格控制两个阶段：一是形成致密的面筋网络，二是面筋网络部分松弛，面团变得柔软而光滑。影响调粉的因素如下：

（1）配料次序。各种原辅料不需预混，一并投入调粉缸中，使面粉在适当的条件下充分胀润，有利于面筋在水化充分条件下形成。

（2）糖、油用量。韧性面团的面筋是在水化充分条件下形成的，故无须高油高脂，否则会影响面团中面筋的形成。

（3）淀粉量。淀粉是面筋浓度的稀释剂，它的使用有助于缩短调粉时间，使面团光滑，可塑性增加。

（4）面团的温度。面团温度常控制在 36 ℃左右。

（5）面团静置。静置 15 min 左右，消除面团部分张力，减弱黏性，使面团松弛，有延伸性。对于未过度调粉的面团无须再静置。

2. 面团的辊轧

调制好的面团在成形前要经过辊轧，排出面团中的气泡，改善制品内部组织或使面团具有一定的黏结力，不易断裂，把原来的面团辊轧成形状、规则、厚度一致的面片，便于下一道成形机的加工。

酥性面团：酥性面团可以不经过压面机辊轧这道工序，直接进入成形机压制面片，因为酥性面团中的糖和油脂的配比较高，面团质地较软，弹性较低，可塑性较大，可以直接在冲印成形机上成型。

韧性面团：韧性面团辊轧前需要静置一段时间，以消除调粉后面团中产生的张力。对静置后的面团，需经过细致的辊轧工序，将面团经过多次辊轧压成面片，在辊轧中注意将面片转90°，便于面片的纵向和横向张力一致，制品的松脆度和膨胀力增加，横断面有均匀的层次结构，以达到产品层次要求。

3. 饼干的烤制

将成形后的饼坯移入烤炉，经过高温短时间的加热后，产生化学、物理及生物的变化，使饼干变得具有疏松可口和令人愉快的香气与浅金黄的色泽。

酥性饼干：由于面团中糖、油脂等物质存在，面团内结合物较少，面团中的水分容易蒸发，适合高温短时烘烤。

韧性饼干：韧性饼干适合中温长时间烘烤，时间较长有利于将调粉时吸收的大量水分脱掉。因此，烘烤温度在200 ℃以下为宜。

任务实施

实训任务四　戚风蛋糕制作

一、实训目的
了解戚风蛋糕生产的一般过程、基本原理和操作方法。

二、实训要求
（1）试验进行过程中对每一操作都应做详细记录，如各种原料的使用、成品数量、烘烤温度、时间等。

（2）掌握烤箱的使用方法。

（3）详细做好试验记录。

三、原辅材料和仪器
原辅材料：鸡蛋、面粉、白砂糖、奶油、饴糖、添加剂等。

仪器：打蛋机、台秤、蛋糕烤盘、小排笔、远红外食品烤箱、小勺、不锈钢盆等。

四、操作步骤

配方举例：

A：细糖 150 g、水 200 g、色拉油 200 g。

B：泡打粉 10 g、低筋粉 425 g、香草粉 5 g。

C：蛋黄 325 g（1100 g 鸡蛋的蛋黄）。

D：蛋白 750 g（1100 g 鸡蛋的蛋白）。

E：细糖 400 g、盐 5 g、塔塔粉 10 g。

（1）A 拌匀，B 过筛后加入拌匀，再加入 C 拌匀。

（2）D 快速打至湿性发泡，加入 E，继续打至干性起发。此时状态为挑起呈弯曲鸡尾状。

（3）取 1/3 蛋白与面糊混合，再加入 2/3 蛋白中拌匀。

（4）倒入烤盘刮平，上火 180 ℃，下火 150 ℃，烘烤 20～30 min。（冷却后可以抹奶油或果酱卷起。）

注意事项：蛋白起发程度要掌握好，打发不足或过度对组织均有影响。

戚风蛋糕是利用蛋清来起发的，蛋清偏碱性，pH 值达到 7.6，而蛋清在偏酸的环境（pH 值为 4.6～4.8）下才能形成膨松稳定的泡沫，起发后才能添加大量的其他配料进去。戚风蛋糕是将蛋清和蛋黄分开搅拌，蛋清搅拌起发后需要拌入蛋黄部分的面糊。没有添加塔塔粉的蛋清虽然能打发，但是要加入蛋黄面糊则会下陷，不能成形。因而，可以利用塔塔粉的这一特性来达到最佳效果。

五、成品质量要求

成品表面呈褐色，质地松软，口味清香，营养丰富。含水量 30%～40%。

实训任务五 海绵蛋糕的制作

一、实训目的

了解海绵蛋糕生产的一般过程、基本原理和操作方法。

二、实训要求

（1）试验进行过程中对每一操作都应做详细记录，如各种原料的使用、成品数量、烘烤温度、时间等。

（2）掌握烤箱的使用方法。

三、原辅材料和仪器

原辅材料：鸡蛋、低筋粉、白砂糖、牛奶或水（切块的少水，卷起的多水）、蛋糕油、植物油、添加剂（如香兰素）等。

仪器：小型调粉机、台秤、蛋糕烤盘、小排笔、远红外食品烤箱、打蛋搅拌棒、小勺、不锈钢盆等。

四、操作步骤

（1）将蛋糕油加热熔化备用（加入前熔化，否则蛋糕油很容易再凝固）。鸡蛋高速搅打 5 min 以上，改为中速，慢慢加入白砂糖，搅打 2～3 min 后再改为高速搅打。

（2）将熔化过的蛋糕油和牛奶倒入混合。当体积增加 1.5～2 倍，色泽渐渐变白，变浓稠后,将筛好的面粉和香兰素加入(也可以加入其他添加剂以改变风味),此时改为中速搅打,当体积增加 3~4 倍或当泡沫黏稠得像搅打的鲜奶油,钢丝搅拌器划过留下一条明显痕迹,若停止搅拌该痕迹能保持数秒钟时(也可用手指勾起泡沫,泡沫不会很快从手指上流下),表明搅打程度已很接近最适点。再搅打几分钟即可。

(3)慢慢加入植物油,慢速搅打几分钟。

(4)将调好的生料倒入模型中,模内垫纸,放进烤箱,上火 200 ℃,下火 180 ℃,烘烤 15~20 min。

(5)将蛋糕取出,切块并排放盘内即可。鉴定蛋糕是否成熟的简单方法是用一根细长的竹签或筷子轻插入蛋糕的中心,抽出后看竹签上是否沾有生的面糊。若有则表示还没烘熟,应继续烘烤至熟(不粘筷),也可用手指轻压蛋糕表面,如能弹回则表示已烘熟。

五、成品质量要求

成品表面呈棕褐色,质地松软,口味清香,营养丰富。水分含量 30%~40%。

实训任务六　裱花蛋糕的制作

一、实训目的

了解裱花蛋糕装饰材料的调制原理、方法,学习用调制的鲜奶膏进行装饰。

二、实训要求

(1)试验进行过程中对每一步操作都应做详细记录,如各种原料的使用、成品数量、烘烤温度、时间等。

(2)掌握烤箱的使用方法。

三、原辅材料和仪器

1. 蛋糕坯的制备

原辅材料:鸡蛋、低筋粉、白砂糖、蛋糕油、添加剂(如香兰素等)等。

仪器:小型调粉机、台秤、蛋糕烤盘、小排笔、远红外食品烤箱、打蛋机、小勺、不锈钢盆等。

配方举例:低筋粉 300 g、白砂糖 300 g、牛奶或水 60~90 g、鸡蛋 600 g、植物油 60 g、香兰素 3 g、蛋糕油 30~35 g。

2. 鲜奶膏的制备

原辅材料:植物脂 2 盒。

仪器:打蛋机、裱花袋、裱花嘴、裱花刀、裱花转盘等。

四、操作步骤

(1)将蛋糕油加热熔化备用(加入前熔化,否则蛋糕油很容易再凝固)。

(2)鸡蛋高速搅打 5 min 以上,改为中速,慢慢加入白砂糖,搅打 2~3 min 后再改为高速搅打。

(3)将熔化过的蛋糕油和牛奶倒入混合。

当体积增加 1.5~2 倍,色泽渐渐变白,变浓稠后,将筛好的面粉和香兰素加入(也可以加入其他添加剂以改变风味),此时改为中速搅打,当体积增加 3~4 倍或当泡沫黏稠得像搅打的鲜奶油,钢丝搅拌器划过留下一条明显痕迹,若停止搅拌该痕迹能保持数秒钟时（也可用手指勾起泡沫，泡沫不会很快从手指上流下），表明搅打程度已很接近最适点，再搅打几分钟即可。

（4）慢慢加入植物油，慢速搅打几分钟。

（5）将调好的生料倒入模型中，模内垫纸，放进烤箱，上火 200 ℃，下火 180 ℃，烘烤 15～20 min。

（6）将蛋糕取出，冷却。

（7）将经过解冻的植物脂倒入打蛋机中用中速搅打，时间 10～20 min。

（8）将冷却后的蛋糕切成大块，放在裱花转盘上，把打好的适量鲜奶膏涂于蛋糕表层。

（9）在少量的膏体中放入少量的色素，搅拌均匀，装入已放入裱花嘴的裱花袋中，进行图案裱花。

五、成品质量要求

成品质地松软，口味清香，营养丰富。

实训任务七　二次发酵法面包的制作

一、实训目的

了解面包制作的原理，掌握面包制作的方法。

二、实训要求

（1）详细做好试验记录。

（2）注意观察试验现象。

（3）计算产品出品率。

（4）对产品进行感官评定。

（5）分析影响产品质量的因素。

三、原辅材料和仪器

原辅材料：精白粉、酵母、糖、精盐、植物油、水。

仪器：烤箱、烤盘、醒发箱、搅拌器、台秤（电子秤）、各种印模、粉筛、擀面杖、油纸、刮板等。

四、操作步骤

（一）工艺流程

部分原料→第一次调粉→第一次发酵→第二次调粉（剩余原辅料）→第二次发酵→整形→醒发→烘烤→冷却→成品检验→包装→成品。

（二）操作要点

第一次调粉：面粉 60%、水 70%和全部酵母（用 30～35 ℃的少量水溶化）拌和，面团温度 30～32 ℃。

第一次发酵：温度 30～32 ℃，时间 2～2.5 h。

第二次调粉：将剩余的原辅料与第一次发酵的面团混合均匀，揉成表面光滑的面团。

第二次发酵：温度 30～32 ℃，时间 1.5～2 h。

整形：将发酵成熟的面团分切成 150 g 的生坯若干个，搓圆，放入烤盘中，表面涂上蛋液。

醒发：将生坯放入醒发箱内,温度调至 40 ℃,相对湿度 85%～90%,时间 45～60 min。
烘烤：温度 240～260 ℃,时间 15～20 min。
冷却：自然冷却至室温。

五、成品质量要求

圆面包外形应圆润饱满完整,表面光滑,不硬皮,无裂缝。

表面呈光滑的金黄色或棕黄色,四周底部呈黄色,不焦不浅,不发白。

面包的断面呈细密均匀的海绵状,掰开面包呈丝状,无大孔洞,富有弹性。

口感松软,并具有产品的特有风味,鲜美可口无酸味。

表面清洁,内部无杂质。

酸度：pH 值 5 以下；水分：30%～40%。

实训任务八 吐司面包的制作

一、实训目的

加深理解面包生产的基本原理及其一般过程和方法,熟悉吐司面包的制作工艺及条件,并观察成品质量。

二、实训要求

（1）详细做好试验记录。

（2）注意观察试验现象。

（3）计算产品出品率。

（4）对产品进行感官评定。

（5）分析影响产品质量的因素。

三、原辅材料和仪器

原辅材料：面包粉、酵母、盐、奶粉、黄油、糖、鸡蛋、葡萄干、水。

仪器：调粉机、粉筛、温度计、台秤、天平、不锈钢切刀、烤模、醒发箱、烤箱等。

四、操作步骤

（一）工艺流程

调粉→发酵→成形→醒发→烘烤→冷却→成品检验。

（二）操作要点

（1）将葡萄干放入清水中浸泡 20 min,待用。

（2）将配料中除黄油、葡萄干的全部原料投入调粉机中搅打至均匀成团,加黄油继续搅打至面团面筋扩展,投入葡萄干慢速搅拌均匀。

（3）将打好的面团放于涂有油的烤盘上,放入温度为 32～34 ℃、相对湿度为 80%～95%的醒发箱中发酵 90 min。

（4）每组分割成 180 g 面团若干个。

（5）成形、装盒。装有生坯的烤模,置于调温调湿箱内,箱内温度为 36～38 ℃,相对湿度为 80%～90%,醒发时间为 45～60 min,观察生坯发起的最高点达到烤模上口 90%即醒发成熟,立即取出。

（6）取出烤模,推入已预热至 180 ℃左右的烤箱内烘烤,至面包烤熟立即取出。烘烤总时间一般为 30~45 min，注意烘烤温度为 180~200 ℃。

（7）冷却。出炉的面包待稍冷后脱出烤模，置于空气中自然冷却至室温。

五、成品质量要求

表面呈光滑金黄色或棕黄色，四周底部呈黄色，不焦不浅，不发白。

面包的断面呈细密均匀的海绵状，掰开面包呈丝状，无大孔洞，富有弹性。

口感松软，并具有产品的特有风味，鲜美可口无酸味。

表面清洁，内部无杂质。

酸度：pH 值为 5 以下；含水量：30%~40%。

实训任务九　其他面包选作

一、实训目的

通过实训项目掌握咸面包和甜面包的制作方法。

二、实训要求

（1）详细做好试验记录。

（2）注意观察试验现象。

（3）分析影响成品质量的因素。

三、咸面包的制作（一次发酵法）

（一）原辅材料

原辅材料：面包专用粉、水、鲜酵母、面粉改良剂、盐、糖、黄油。

（二）操作步骤

（1）将除油外的原料放入和面机内慢速搅拌 4~5 min，加油后中速搅拌 7~8 min，使面筋网络充分形成，搅拌后面团温度为 26 ℃。

（2）基本发酵温度为 28 ℃，相对湿度为 80%，发酵 3 h。

（3）分割、揉圆醒发 10 min，整形。

（4）38 ℃下最后发酵 55 min。

（5）200 ℃烤 15 min，220 ℃烤 5 min。

四、甜面包的制作（二次发酵法）

（一）配方举例

种子面团：专用粉 75 g、水 45 g、鲜酵母 2 g、面粉改良剂 0.25 g。

主面团：专用粉 25 g、糖 20 g、人造奶油 12 g、蛋 5 g、奶粉 4 g、盐 1.5 g、水 12 g。

（二）操作步骤

（1）种子面团原辅料慢速搅拌 3 min，中速搅拌 5 min 成面团，面团温度 24 ℃。

（2）种子面团在 28 ℃下发酵 4 h。

（3）将糖、盐、蛋、水等主面团辅料搅拌均匀，然后加入种子面团，拌开，再加入奶粉、面粉，慢速搅拌成面团，加油后改成中速搅拌至搅拌结束。主面团温度 28 ℃。

（4）主面团在 30 ℃发酵 2 h。

（5）分块、搓圆后中间醒发 12 min，成形。

（6）在 38 ℃，相对湿度 85% 的条件下最后发酵 30 min。

（7）炉温 200～205 ℃，焙烤 10～15 min。

五、成品质量要求

面包表面光滑，不硬皮，无裂缝。

表面呈光滑的金黄色或棕黄色，四周底部呈黄色，不焦不浅，不发白。

面包的断面呈细密均匀的海绵状组织，掰开面包呈现丝状，无大孔洞，富有弹性。

实训任务十　酥性饼干制作

一、实训目的

掌握酥性饼干制作的原理和一般过程，了解酥性饼干制作的要点与工艺关键。

二、实训要求

（1）详细做好试验记录。

（2）注意观察试验现象。

三、原辅材料和仪器

原辅材料：糕点粉、糖、黄油、盐、鸡蛋、香料。

仪器：不锈钢容器、台秤、搅拌器、调粉机、模具、烤盘、烤炉等。

四、操作步骤

（一）工艺流程

原料混合→乳化、加蛋液搅拌→加面粉→擀成面皮→切割成形→涂油装饰→烘烤→出炉→冷却→包装。

（二）操作要点

（1）先把白糖、黄油、盐、香料放在搅拌器中搅拌混合乳化，乳化后加入鸡蛋，搅拌均匀后投入面粉，拌匀。

（2）把调好的面团放在冰箱中冷却 30 min，擀成 0.3 cm 厚的面皮，用曲奇切割器切成各种造型，表面涂上油。

（3）烘烤 190 ℃，15 min。

五、成品质量要求

色泽金黄鲜艳，大小均匀，外形完整，面有裂纹，入口甘香松酥。

实训任务十一　韧性饼干制作

一、实训目的

掌握韧性饼干的调粉原理，熟悉其生产工艺、操作方法，以及面团改良剂对韧性饼干生产的功用。

二、实训要求

（1）详细做好试验记录。

（2）注意观察试验现象。

三、原辅材料和仪器

原辅材料：面粉、淀粉、固体奶油、白砂糖、食盐、亚硫酸氢钠、碳酸氢钠、碳酸氢铵、饴糖。

仪器：电子天平、煤气灶、温度计、烧杯、量筒、汤匙、药匙、调面机、压面机、印模、烤炉等。

四、操作步骤

（一）工艺流程

原料预处理→调制→静置→辊轧→冲印成形→烘烤→冷却→包装。

（二）操作要点

1. 原料预处理

白砂糖加水溶化至沸，加入饴糖，搅匀，备用。

固体奶油融化（隔水），备用。

将碳酸氢钠、碳酸氢铵、盐用少量水溶解，备用。

面粉、淀粉分别用筛子过筛，备用。

2. 调制（总用水 120 mL 左右）

将盐水、碳酸氢钠、碳酸氢铵、融化后的奶油、亚硫酸氢钠、淀粉、面粉依次加入调面缸。将温度为 85～95 ℃ 的热糖浆倒入调面缸内，开启搅拌 25～30 min，制成软硬适中的面团，面团温度一般为 38～40 ℃。

3. 静置

调制好的面团静置 10～20 min。

4. 辊轧、冲印成形

将调制好的面团分成小块，通过压面机将其压成面片，旋转 90°，折叠再压成面块，如此 9～13 次，用冲模机冲成一定形状的饼干坯。

5. 烘烤

将装有饼干坯的烤盘送入烤炉，在上火 160 ℃ 左右、下火 150 ℃ 左右的温度下烘烤。

6. 冷却、包装

冷却至室温，包装。

五、成品质量要求

色泽金黄鲜艳，大小均匀，外形完整，松脆爽口，香味淡雅。

 思考与练习

1. 简述酵母的分类及各类酵母的优缺点。
2. 简述乳制品在谷物制品中的作用。
3. 如何鉴定面粉品质？
4. 试述蛋糕的蓬松原理。
5. 试述蛋糕生产原料的配合原则。
6. 影响面团发酵的因素有哪些？
7. 饼干面团的发酵一般采用二次发酵法，第一次发酵的目的是什么？
8. 韧性面团的调制要分哪两个阶段来控制？为什么？

分组讨论

讨论谷物制品的绿色加工工艺。

 实训设计

通过对实训任务的学习，能够设计出谷物制品的绿色加工工艺。

项目五 畜禽制品的绿色加工

> ☞ **项目导入**
>
> 　　金华火腿是我国腌腊肉制品中的精品，2001 年被正式批准为原产地域保护产品（即地理标志保护产品）。金华火腿在长达数个月的发酵过程中，在酸、碱或酶的共同作用下，能分解出多达 18 种氨基酸，其中 8 种是人体不能自行合成的必需氨基酸。
>
> 　　思考讨论：除了腌腊之外，还有哪些能够长时间保藏畜禽制品的工艺。
>
> ☞ **项目目标**
>
> 　　知识目标：（1）掌握畜禽制品原料的感官检验。
> 　　　　　　　（2）掌握肉类干制、杀菌乳、蛋类再制加工的生产工艺。
> 　　技能目标：（1）能够对畜禽制品原料进行感官检验，并会操作普通的理化检验。
> 　　　　　　　（2）肉类干制的绿色现代工艺流程。
> 　　　　　　　（3）松花皮蛋加工中各类原料的作用、料液配制方法、皮蛋成品感官检验。
> 　　　　　　　（4）通过对实训任务的学习，能够设计出动物类制品的绿色加工工艺。

任务一 畜禽原料的绿色准备

任务目标	任务描述	本任务要求通过学习生产加工体系，了解畜禽制品原料要求，通过对原料感官检验，对其绿色加工有进一步了解
	任务要求	掌握畜禽制品对原料的要求；熟悉畜禽制品的原料感官检验

任务准备

一、畜禽制品加工体系

　　从产品的生产过程来看，畜禽制品的生产包括三方面：首先是建立养殖体系，保障生产原料符合食品要求，其次是产品加工中所使用的辅助材料，再次是加工过程控制。

其中，养殖体系作为最基础层次，是畜禽制品产销体系中最重要的一部分，而产品加工过程为产品的最后一个环节，同样具有重要地位。加工所使用辅助材料则必须符合产品生产相关规定。

（一）养殖体系

随着人民生活水平的不断提高，我国人民在肉、蛋、奶等动物源性食品的消费上越来越注重安全和质量。自从加入世界贸易组织（World Trade Organization，WTO）后，开放的国际市场对畜禽产品的品质、卫生和安全等方面的要求越来越高，这促使国内消费市场需求发生了一定的改变。因此，必须改变过去那种只追求数量、不讲究质量的旧观念，走科学养殖之路，确保动物源性食品安全。

"三鹿奶粉"事件后，国际、国内市场不但加强了对动物食品中农药残留的检测，还从保障人类健康的角度出发，严格控制了在动物饲养中药物和饲料添加剂的使用。国内政府有关部门为保护动物食品的安全性，也采取了一系列措施，如发布《动物防疫法》、实施"无规定动物疫病区"和加强畜禽屠宰检验检疫力度等。总之，养殖业生产者不仅要提高自身饲养水平，更要对其生产的动物食品安全负责，否则，其产品将被禁止进入市场。

（二）养殖要求

养殖管理应从环境选择、饲料安全、饲养管理、品种选择、兽药使用、疾病管理等方面进行全过程的质量控制，以达到产品安全、优质、无残留、无疫病的目的，具体要求如下。

1. 环境选择

环境选择要求主要可归纳为两点。首先应注意选择生态环境优良，没有工业"三废"污染的地方。大气、水、土壤应经专门机构检测达到规定的标准，大气环境标准必须符合《环境空气质量标准》（GB 3095—2012）的要求；水体须按《生活饮用水卫生标准》（GB 5749—2006）的要求，用水无色透明，无异味，味道正常，中性或微碱性，含有适度的矿物质，不含有害物质（如铅、汞等重金属，农药，亚硝酸盐）、病原体和寄生虫卵等；土壤不含放射性物质，有害物质（如汞、砷）不得超过国家标准。其次作为养殖要求选择非疫区、防疫条件好的地方。

2. 饲料安全

饲料作为畜禽生长的物质基础，它的质量直接影响活体畜禽产品的质量卫生，因此饲料选择须贯彻"饲料安全即是产品安全"的思想。饲料供给必须与畜禽的生理需要一致，从营养和饲料配方上保证其体质健康、发育良好。对各种营养要求，包括蛋白质、氨基酸、矿物质、维生素和微量元素的含量和配比都应做到科学合理，以保证畜禽的免疫力和对疫病的抵抗能力。饲料中可以添加无残留、无毒副作用的免疫调节剂和抗应激添加剂，以预防疾病的发生，但不得添加防腐剂、开胃药、兴奋剂、激素类药、人工合成色素,以及禁用的抗生素、安眠镇静药等。

为了保证畜禽健康,饲养中必须提供新鲜空气、天然光线和适宜的温度。粪便应及时清理并进行无害化处理,使其生活在无污染、无公害的生态平衡环境中。避免使用剧毒农药等违禁药物消毒、灭虫;不得使用具有潜在毒性的建筑材料;不得使用有毒的防腐剂,允许使用消毒防腐剂对饲养环境、厩舍和器具进行消毒,但不准对动物直接施用。

饲养中采用全进全出的管理,切断疾病传播途径,减少细菌、病毒感染,以防为主,严格控制疾病的发生,保证动物健康生长。饲养产生的粪便等废弃物应妥善处理和利用,发展生态养殖业的方法,走绿色环保的可持续发展之路。

3. 品种选择

应选择抗病能力强、适合当地条件生长的优良品种,具有较好的生长速度,较高的饲料报酬。引进品种时,应该符合检疫要求,身体健康,无疾病,不带病原体。

4. 兽药使用

除应加强养殖场兽医卫生管理外,兽药使用将是养殖中遇到的主要技术难关。在兽药的使用上,应本着预防为主的原则,尽量做到少用药或用无污染、无残留的药物,优先使用符合食品生产资料的兽药产品。在疾病的防治中应严格按照《绿色食品 兽药使用准则》《兽药管理条例》的规定。

5. 疾病管理

动物离开饲养地前,必须按《畜禽肉追溯要求》(GB/T 40465—2021)的要求实施产地检疫。

(三)畜禽制品的加工要求

畜禽制品按是否经过加工过程可以分为生鲜产品和深加工产品。生鲜产品以"冷鲜肉"为代表,深加工产品则品种广泛。

从生产"肉"过程看,除了养殖外,生鲜产品对畜禽的屠宰加工、储藏、运输到肉品消费的全过程都需要严格的工艺标准和产品质量标准,必须符合《食品安全国家标准 畜禽屠宰加工卫生规范》(GB 12694—2016)规定的卫生要求。屠宰加工阶段严格按照检疫操作规程实施屠宰检疫,储藏运输阶段保证肉品的储藏温度,防止肉品腐败变质,用于零售的冷鲜肉和批发的冷冻肉注重肉品的包装严密,防止污染。在终端销售阶段销售人员要讲究个人卫生。

二、畜禽产品原料要求和感官检验

(一)原料要求

(1)产品必须符合《食品安全国家标准 鲜(冻)畜、禽产品》(GB 2707—2016)、并不得检出大肠埃希菌、李氏杆菌、布氏杆菌、肉毒梭菌、炭疽杆菌、囊虫、结核分枝杆菌、旋毛虫。

（2）产品农药、兽药残留量必须符合《绿色食品 农药使用准则》（NY/T 393—2020）和《绿色食品 兽药使用准则》（NY/T 472—2013）的要求。

（3）产品重金属残留量必须符合国家食品卫生标准。

在这些标准中，微生物检验、理化检验、重金属检验等在原料现场进行验收时操作有一定难度，因此通常用感官检验做第一次判断，再依据上述标准进行二次检验判断。

（二）感官检验

食品的感官检验是通过人的感觉——味觉、嗅觉、视觉、触觉，以语言、文字、符号作为分析数据，对食品的色泽、风味、气味、组织状态、硬度等外部特征进行评价的方法，其目的是评价食品的可接受性和鉴别食品的质量。

1. 原料肉

原料肉的感官检验主要是观察肉品表面和切面的颜色，观察和触摸肉品表面和新切面的干燥、湿润及粘手度，用手指按压肌肉判断肉品的弹性，嗅闻气味判断是否变质而发出氨味、酸味和臭味，观察煮沸后肉汤的清亮程度、脂肪滴的大小及嗅闻其气味，最后根据检验结果做出综合判定。以猪肉为例，鲜猪肉和冻猪肉的感官检验标准分别见表5-1和表5-2。

表5-1 鲜猪肉的感官检验标准

项目	良质鲜猪肉	次质鲜猪肉	变质鲜猪肉
外观	表面有一层微干或微湿的外膜，呈暗灰色，有光泽，切断面稍湿、不粘手，肉汁透明	表面有一层风干或潮湿的外膜，呈暗灰色，无光泽，切断面的色泽比新鲜的肉暗，有黏性，肉汁混浊	表面外膜极度干燥或粘手，呈灰色、发黏并有霉变现象，切断面也呈暗灰色、很黏，肉汁严重混浊
气味	具有鲜猪肉正常的气味	在肉的表层能嗅到轻微的氨味、酸味或酸霉味，但在肉的深层却没有这些气味	腐败变质的肉，不论在肉的表层还是深层均有腐臭气味
弹性	质地紧密却富有弹性，用手指按压凹陷后会立即复原	肉质比新鲜肉柔软、弹性小，用手指按压凹陷后不能完全复原	腐败变质肉由于自身被分解严重，组织失去原有的弹性而出现不同程度的腐烂，用手指按压后凹陷，不但不能复原，甚至还可以把肉刺穿
脂肪	脂肪呈白色，具有光泽，有时呈肌肉红色，柔软而富有弹性	脂肪呈灰色，无光泽，容易粘手，有时略带油脂酸败味和哈喇味	脂肪表面污秽、有黏液，脂肪组织很软，具有油脂酸败气味
煮沸后肉汤	肉汤透明、芳香，汤表面聚集大量油滴，油脂的气味和滋味鲜美	肉汤混浊，汤表面浮油滴较少，没有鲜香的滋味，常略有轻微的油脂酸败气味	肉汤极混浊，汤内漂浮着有如絮状的烂肉片，汤表面几乎无油滴，具有浓厚的油脂酸败或显著的腐败臭味

表 5-2　冻猪肉的感官检验标准

项目	良质冻猪肉	次质冻猪肉	变质冻猪肉
色泽	肌肉色红，均匀，具有光泽，脂肪洁白，无霉点	肌肉红色稍暗，缺乏光泽，脂肪微黄，可有少量霉点	肌肉色泽暗红，无光泽，脂肪呈污黄，有霉斑或霉点
组织状态	肉质紧密，有坚实感	肉质软化或松弛	肉质松弛
黏度	外表及切面微湿润，不粘手	外表湿润，微粘手，切面有渗出液，但不粘手	外表湿润，粘手，切面有渗出液亦粘手
气味	无臭味，无异味	稍有氨味或酸味	具有严重的氨味、酸味或臭味

2. 原料乳

原料乳的感官检验主要是通过嗅觉、味觉、视觉进行气味、口味、外观等的鉴定。正常鲜乳为乳白色或微带黄色，不得含有肉眼可见的异物，不得有红、绿等异色，不能有苦、涩、咸的滋味和饲料、青储、霉等异味。原料乳的感官检验标准见表 5-3。

表 5-3　原料乳的感官检验标准

项目	良质鲜乳	次质鲜乳	劣质鲜乳
色泽	乳白色或稍带微黄色	色泽较良质鲜乳为差，白色中稍带青色	呈浅粉色或显著的黄色，或是色泽灰暗
组织状态	呈均匀的流体，无沉淀、凝块和机械杂质，无黏稠和浓厚现象	呈均匀的流体，无凝块，但可见少量微小的颗粒，脂肪聚粘，表层呈液化状态	呈稠而不匀的溶液状，有乳凝成的致密凝块或絮状物
气味	具有乳特有的乳香味，无其他任何异味	乳中固有的香味或有异味	有明显的异味，如酸臭味、牛粪味、金属味、鱼腥味、汽油味等
滋味	具有鲜乳独具的纯香味，滋味可口而稍甜，无其他任何异常滋味	有微酸味（表明乳已开始酸败），或有其他轻微的异味	有酸味、咸味、苦味等

3. 原料蛋

原料蛋的感官鉴别分为蛋壳鉴别和打开鉴别。蛋壳鉴别包括眼看、手摸、耳听、鼻嗅等方法，也可借助于灯光透视进行鉴别。打开鉴别是将鲜蛋打开，观察其内容物的颜色、稠度、性状、有无血液、胚胎是否发育、有无异味和臭味等。另外，还可以通过气室测量和比重测定等方法来检测蛋的新鲜度。

蛋的感官评定请见实训任务一中的原料蛋感官评定。

任务实施

实训任务一　动物性产品原料检验

一、实训目的

熟悉原料肉的质量标准，掌握肉质感官评定方法。

了解生鲜乳样的采集和保存的方法，掌握乳新鲜度、乳的密度和比重、乳中杂质度、乳的细菌污染度等的测定。

掌握鲜蛋的质量标准和感官检验方法。

二、实训要求

（1）详细做好试验记录。

（2）注意观察试验现象。

三、原辅材料、试剂和仪器

1. 原料肉感官评定

原料肉、冰柜、刀具、烧杯、电炉、表面皿。

2. 原料乳感官评定

酸度检验：0.1 mol/L 氢氧化钠溶液、10 mL 吸管、150 mL 锥形瓶、25 mL 酸式滴定管、0.5%酚酞酒精溶液、0.5 mL 吸管、滴定架。

酒精试验：68°、70°、72°的酒精，1～2 mL 吸管，试管。

掺假检验：乳稠计，玫瑰红酸液（溶解 0.05 g 玫瑰红酸于 100 mL 95%酒精中制成），碘溶液（取碘化钾 4 g 溶于少量蒸馏水中，然后用此溶液溶解结晶碘 2 g，待结晶碘完全溶解后，移入 100 mL 容量瓶中，加水至刻度即可）。

3. 原料蛋感官评定

照蛋器、蛋盘、气室测定器、蛋液杯、精密游标卡尺、普通游标卡尺、酸度计、打蛋台、水平仪、上皿天平、白瓷盘，相对密度为 1.080、1.073、1.060 的三种食盐溶液。

四、操作步骤

（一）原料肉感官评定

1. 外观

切开肉，在室内正常光度下用目测观察对比肉的切面，参照标准见表 5-1 评定新鲜猪肉，参照表 5-2 评定冻猪肉。冷冻的肉应避免在阳光直射或室内阴暗处评定。

2. 气味

切开肉，在室内正常通风下用鼻子对肉的新鲜切面进行闻嗅，参照标准见表 5-1 评定新鲜猪肉，参照表 5-2 评定冻猪肉。应避免在通风不良或周边有异味处评定。

3. 弹性

切开肉，在室内温度下用手指按住肉的新鲜切面，通过感触其硬度和指压凹陷恢复情况判断肉的弹性、表面干湿及是否发黏，参照标准见表 5-1 评定新鲜猪肉，参照表 5-2 评定冻猪肉。应避免在有水分滴落或高温环境下评定。

4. 肉汤滋味

称取碎肉样 20 g，放在烧杯中加水 10 mL，盖上表面皿罩于电炉上加热至 50～60 ℃时，取下表面皿，嗅其气味。然后将肉样煮沸，静置观察肉汤的透明度及表面的脂肪滴情况。参照标准见表 5-1。

(二) 原料乳感官评定

1. 感官评定

感官指标：一般通过对色、香、味、形、杂质等进行感官鉴定。正常乳应为乳白色或略带黄色；具有特殊的乳香味；稍有甜味；组织状态均匀一致，无凝集沉淀，不黏滑。

感官检查步骤：首先打开冷却储乳器或罐式运乳车容器的盖后，应立即嗅容器内鲜乳的气味，否则，开盖时间过长，外界空气会将容器内气味冲淡，对气味的检验不利。其次将试样含入口中，以此鉴定是否存在各种异味。在对风味检验的同时，对鲜乳的色泽、混入的异物、是否出现过乳脂分离现象进行观察。注意感官评定时不同种类样品应有不同的评定温度。总的要求要样品不能过冷过热。过冷会使味蕾麻木，失去敏感性；过热会刺激甚至损伤味蕾，使之失去品味功能。原乳一般在 18~20 ℃时评定。评定标准见表 5-3。

评定方法一般包括以下四个方面。

色泽检定：将少量乳倒于白瓷皿中观察其颜色。

气味检定：将乳加热后，闻其气味。

滋味检定：取少量乳用口尝之。

组织状态检定：将乳倒于小烧杯内静置 1 h 后，再小心将其倒入另一小烧杯内，仔细观察第一个小烧杯内底部有无沉淀和絮状物。再取 1 滴乳滴于大拇指上，检查是否黏滑。

2. 滴定酸度的测定

乳挤出后在存放过程中，由于微生物的活动，分解乳糖产生乳酸，而使乳的酸度升高。测定乳的酸度，可判定乳是否新鲜。乳的滴定酸度常用特尔纳度（°T）和乳酸度（乳酸%）表示。判断标准见表 5-4。

表 5-4 乳滴定酸度与牛乳品质的对应关系

滴定酸度/°T	牛乳品质	滴定酸度/°T	牛乳品质
<16	加碱或加水等异常的乳	>25	酸性乳
16~20	正常的新鲜乳	>27	加热凝固
>21	微酸性乳	>60	酸化乳，能自身凝固

特尔纳度是以中和 100 mL 的酸所消耗 0.1 mol/L 氢氧化钠的毫升数来表示。消耗 0.1 mol/L 氢氧化钠 1 mL 为 1 特尔纳度。

乳酸度（乳酸%）是指乳中酸的百分含量。

3. 酒精检验法

酒精检验法是为观察鲜乳的抗热性而广泛使用的一种方法。通过酒精的脱水作用，确定酪蛋白的稳定性。新鲜牛乳对酒精的作用表现出相对稳定；而不新鲜的牛乳，其中蛋白质胶粒已呈不稳定状态，当受到酒精的脱水作用时，则加速其聚沉。

一定浓度的酒精能使高于一定酸度的牛乳蛋白产生沉淀。乳中蛋白质遇到同一浓度的酒精，其凝固现象与乳的酸度成正比，即凝固现象越明显，酸度越大，否则，相反。

乳中蛋白质遇到浓度高的酒精，易于凝固。此法可验出鲜乳的酸度，以及盐类平衡不良乳、初乳、末乳及细菌作用产生凝乳酶的乳和乳腺炎乳等。

操作方法：取试管3支，编号（1、2、3号），分别加入同一乳样1～2 mL，1号管加入等量的68%酒精，2号管加入等量的70%酒精，3号管加入等量的72%酒精。摇匀，然后观察有无出现絮片，确定乳的酸度。判断标准见表5-5。

表5-5　原料乳酒精检验判断标准

酒精浓度/%	不出现絮片酸度/°T
68	20 以下
70	19 以下
72	18 以下

需要注意的是，酒精检验与酒精浓度有关，一般以72%容量浓度的中性酒精与原料乳等量相混合摇匀，以无凝块出现为标准，正常牛乳的滴定酸度不高于18 °T，不会出现凝块。但是影响乳中蛋白质稳定性的因素较多，如乳中钙盐增高时，在酒精检验中会由于酪蛋白胶粒脱水失去溶剂化层，使钙盐容易和酪蛋白结合，形成酪蛋白酸钙沉淀。另外酒精检验过程中，两种液体必须等量混合，两种液体的温度应保持在10 ℃以下，混合时化合热会使温度升高5～8 ℃，否则会使检验的误差明显增大。

4. 相对密度测定

相对密度测定常作为评定鲜乳成分是否正常的一个指标，但不能只凭这一项来判断，必须再通过脂肪、风味的检验，判断鲜乳是否经过脱脂或是加水。

检验方法：将搅拌好的乳移注于量筒内，尽量不产生泡沫，测量乳温。将乳稠计平稳地放到量筒中间，任其自然下沉且不与量筒壁接触，静置1～2 min后即可读数。

5. 掺假试验

1）掺水的检验

对于感官检查发现乳汁稀薄、色泽发灰（即色淡）的乳，有必要做掺水检验。目前常用的方法是比重法。因为牛乳的相对密度一般为1.028～1.034，其与乳的非脂固体物的含量百分数成正比。当乳中掺水后，乳中非脂固体含量百分数降低，相对密度也随之变小。当被检乳的相对密度小于1.028时，便有掺水的嫌疑，并可用比重数值计算掺水百分数。

测定方法：将乳样充分搅拌均匀后小心沿量筒壁倒入筒内2/3处，防止产生泡沫面影响读数。将乳稠计小心放入乳中，使其沉入1.030刻度处，然后使其在乳中自由游动（防止与量筒壁接触）。静置2～3 min后，两眼与乳稠计同乳面接触处成水平位置进行读数，读出弯月面上缘处的数字。

2）掺碱（碳酸钠）的检验

鲜乳保藏不好，酸度会升高。为了避免被检出高酸度乳，有时向乳中加碱。感官检查时对色泽发黄、有碱味、口尝有苦涩味的乳应进行掺碱检验。常用的方法是玫瑰红酸定性法。玫瑰红酸的pH值为6.9～8.0，遇到加碱而呈碱性的乳，其颜色由肉桂黄色（棕黄色）变为玫瑰红色。

测定方法：于 5 mL 乳样中加入 5 mL 玫瑰红酸液，摇匀，乳呈肉桂黄色为正常，呈玫瑰红色为加碱。加碱越多，玫瑰红色越鲜艳，应以正常乳做对照。

3）掺淀粉的检验

向乳中掺淀粉可使乳变稠，相对密度接近正常。有沉渣物的乳，应进行掺淀粉检验。

测定方法：取乳样注入试管中，加入碘溶液 2～3 滴。乳中有淀粉时，即出现蓝色、紫色或暗红色及其沉淀物。

6. 微生物检验

细菌指标可采用平皿培养法计算细菌总数，或采用亚甲蓝还原褪色法，按亚甲蓝褪色时间分级指标进行评级，两者只允许用一个，不能重复。细菌指标分为四个级别，按细菌总数分级指标进行评级。评级标准见表 5-6。

表 5-6 原料乳细菌总数评级标准

分级	分级指标法	
	平皿细菌总数（万个 AnL）	亚甲蓝褪色时间
Ⅰ	≤50	≥4 h
Ⅱ	≤100	≥2.5 h
Ⅲ	≤200	≥1.5 h
Ⅳ	≤400	≥40 min

（三）原料蛋感官评定

1. 鲜蛋样品的采取

鲜蛋的检验，要求逐个进行，但由于经营销售的环节多，数量大，往往来不及一一进行检验，故可采取抽样的方法进行检验。对长期冷藏的鲜鸡蛋、化学储藏蛋，在储存过程中也应经常进行抽检，发现问题及时处理。

采样数量，在 50 件以内者，抽检 2 件；50～100 件者，抽检 4 件；100～500 件者，每增加 50 件（所增不足 50 件者，按 50 件计）增抽 1 件；500 件以上者，每增加 100 件（所增不足 100 件者，按 100 件计算）增抽 1 件。

2. 壳蛋检验

1）感官检验

（1）测定方法。逐个拿出待检蛋，先仔细观察其形态、大小、色泽、蛋壳表面有无裂痕和破损等，以及蛋壳的清洁度等情况；利用手指摸蛋的表面和掂重，必要时可把蛋握在手中使其互相碰撞，或手握蛋摇动，听其声音；最后嗅检蛋壳表面有无异常气味。

（2）判定标准。

① 新鲜蛋：蛋壳表面常有一层粉状物；蛋壳完整而清洁，无粪污、无斑点；蛋壳颜色正常，壳面覆有霜状粉层（外蛋壳膜），无凹凸而平滑，壳壁坚实，相碰时发清脆而不发哑声；手感发沉。

② 破蛋类：又分为裂纹蛋、硌窝蛋、流清蛋三种。

裂纹蛋（哑子蛋）：鲜蛋受压或震动使蛋壳破裂成缝而壳内膜未破，将蛋握在手中相碰发出哑声。

硌窝蛋：鲜蛋受挤压或震动使鲜蛋蛋壳局部破裂凹下而壳内膜未破。

流清蛋：鲜蛋受挤压、碰撞而破损，蛋壳和壳内膜破裂而蛋白液外流。

③ 劣质蛋：外观往往在形态、色泽、清洁度、完整性等方面有一定的缺陷，一般为壳面污脏，有暗色斑点，外蛋壳膜脱落变为光滑，而且呈暗灰色或青白色。如腐败蛋外壳常呈乌灰色；受潮霉蛋外壳多污秽不洁，常有大理石样斑纹；孵化或漂洗的蛋，外壳异常光滑，气孔较显露。有的蛋甚至可嗅到腐败气味。

2）比重鉴定法

鸡蛋的相对密度平均为 1.0845。蛋在存放或储藏过程中，蛋的水分不断地蒸发，水分蒸发的程度与储藏（或存放）的温度、湿度及储藏的时间有关。因此，测定蛋的比重可推知蛋的新鲜度。

测定方法：将蛋放于相对密度 1.080 的食盐溶液中，下沉则其相对密度大于 1.080，评定为新鲜蛋。将上浮蛋再放于相对密度 1.073 的食盐溶液中，下沉者为普通蛋。将上浮蛋移入相对密度 1.060 的食盐溶液中，上浮者为过陈蛋或腐败蛋，下沉者为合格蛋。但霉蛋往往也会具有新鲜蛋的相对密度。因此，比重法应配合其他方法使用。

3）灯光透视法

灯光透视是指在暗室中用手握住蛋体紧贴在照蛋器的光线洞口上，前后上下左右来回轻轻转动，靠光线的帮助检查蛋壳有无裂纹、气室大小、蛋黄移动的影子、内容物的澄明度、蛋内异物及蛋壳内表面的霉斑、胚的发育等情况。在市场上无暗室和照蛋设备时，可用手电筒围上暗色纸筒（照蛋端直径稍小于蛋）进行鉴别。如有阳光也可以用纸筒对着阳光直接观察。灯光照蛋方法简便易行，对鲜蛋的质量有决定性把握。

3. 开蛋检验

1）感官检验

将鲜蛋打开，将其内容物置于玻璃平皿或瓷碟上，观察蛋黄与蛋清的颜色、稠度、性状，有无血液，胚胎是否发育，有无异味等，鉴别标准见表 5-7。

表 5-7 鲜蛋打开鉴别标准

项目	良质鲜蛋	一类次质鲜蛋	二类次质鲜蛋	劣质鲜蛋
颜色	蛋黄、蛋清色泽分明，无异常颜色	颜色正常，蛋黄有圆形或网状血红色，蛋清颜色发绿，其他部分正常	蛋黄颜色变浅，色泽分布不均匀，有较大的环状或网状血红色，蛋壳内壁有黄中带黑的粘痕或霉点，蛋清与蛋黄混杂	蛋内液态流体呈灰黄色、灰色或暗黄色，内杂有黑色霉斑
性状	蛋黄呈圆形凸起而完整，并带有韧性，蛋清浓厚、稀稠分明，系带粗白而有韧性，并紧贴蛋黄的两端	性状正常或蛋黄呈红色的小血圈或网状直丝	蛋黄扩大，扁平，蛋黄膜增厚发白，蛋黄中出现大血环，环中或周围可见少许血丝，蛋清变得稀薄，蛋壳内壁有蛋黄的粘连痕迹，蛋清与蛋黄相混杂（蛋无异味），蛋内有小的虫体	蛋清和蛋黄全部变得稀薄混浊，蛋膜和蛋液中都有霉斑或蛋清呈胶冻样霉变，胚胎形成长大
气味	具有鲜蛋的正常气味，无异味	具有鲜蛋的正常气味，无异味	有异味	有臭味、霉变味或其他不良气味

2）蛋黄指数的测定

蛋黄指数（又称蛋黄系数）是蛋黄高度除以蛋黄横径所得的商。蛋越新鲜，蛋黄膜包得越紧，蛋黄指数就越高；反之，蛋黄指数就越低。因此，蛋黄指数可表明蛋的新鲜程度。

操作方法：把鸡蛋打在一洁净、干燥的平底白瓷盘内，用蛋黄指数测定仪量取蛋黄最高点的高度和最宽处的宽度，或者用高度游标卡尺和普通游标卡尺分别量取蛋黄高度和宽度。以卡尺刚接触蛋黄膜为松紧适度。测量时注意不要弄破蛋黄膜。

$$蛋黄指数 = 蛋黄高度（mm）/蛋黄宽度（mm）$$

评定标准：新鲜蛋的蛋黄指数为 0.36～0.44 或以上；普通蛋蛋黄指数为 0.35～0.4；合格蛋蛋黄指数为 0.3～0.35。

3）蛋 pH 值的测定

蛋在储存时，由于蛋内二氧化碳逸放，加之蛋白质在微生物和自溶酶的作用下不断分解，产生氮及氨态化合物，使蛋内 pH 值向碱性方向变化。

（1）操作方法：将蛋打开，取 1 份蛋白（全蛋或蛋黄）与 9 份水混匀，用酸度计测定 pH 值。

（2）判定标准：新鲜鸡蛋的 pH 值为蛋白 7.3～8.0，全蛋 6.7～7.1，蛋黄 6.2～6.60。

4）蛋白哈夫单位的测定

蛋白的哈夫单位（Haugh unit），可以反映蛋白存在的状况。过去多采用测蛋白黏度，但误差太大。新鲜蛋浓蛋白多而厚。反之，浓蛋白少而稀。

测定方法：称蛋重（精确到 0.1 g），然后用适当力量在蛋的中间部打开，将内容物倒在已调节在水平位置的玻璃板上，选距蛋黄 1 cm 处，浓蛋白最宽部分的高度作为测定点。将高度游标卡尺慢慢落下，当标尺下端与浓蛋白表面接触时，立即停止移动调测尺，读出卡尺标示的刻度数。

根据蛋白高度与蛋重，按下列公式计算蛋白的哈夫单位：

$$HU = 100\log(H - 1.7W^{0.37} + 7.6)$$

式中，HU——哈夫单位；

H——蛋白高度，mm；

W——蛋的重量，g。

100、1.7、7.6——换算系数。

评定标准：新鲜蛋哈夫单位为 75～82；低于 72 哈夫单位不适合食用。

任务二 肉制品的绿色加工

任务目标	任务描述	本任务要求通过对干制肉产品——肉脯的加工工艺及技术要点的学习，了解肉脯的现代化加工技术，肉脯的检验技术与保存方法。通过实训任务"牛肉脯加工"，熟练掌握肉脯的加工
	任务要求	深入了解肉脯的生产标准；掌握肉脯的加工技术及制作工艺，能自主设计并做出符合食品要求的肉脯

任务准备

一、肉类基础知识

动物屠宰后所得的可食部分都叫作肉,广义的肉是指畜体在放血致死以后,去毛或去皮,再除去头、四肢下部和内脏,剩下的部分,或称作胴(胴体)。狭义的肉是指畜禽经屠宰后,除去皮、毛、头、蹄、骨及内脏后的可食部分。不同动物、不同部位和组织,则冠以各自的名称区别,如猪肉、瘦肉、五花肉、里脊肉、牛排、米龙、羔羊肉、猪头肉、鸡胸肉等。

从组织形态来说,肉是各种组织不均匀的综合物,由肌肉组织、脂肪组织、结缔组织和骨骼组织等部分所组成,其组成变动很大,大致比例区间为肌肉组织35%~60%,脂肪组织2%~40%,骨骼组织7%~40%,结缔组织9%~11%。比例主要随部位、动物种类、肥度、年龄、品种和营养状况等因素不同而有较大的变动。肉的四大组织的构造、性质及含量直接影响肉品质量、加工用途和商品价值。

肉的主要成分是水,其次按重要程度有蛋白质、含氮化合物、脂肪、矿物质、维生素、有机酸等。肉中常见的矿物质有Na、K、Ca、Fe和P。这些成分因动物的种类、品种、性别、年龄、季节、饲料、使役程度、营养和健康状态等不同而有所差别。各种畜禽肉化学组成见表5-8,畜禽肉不同部位的化学组成见表5-9。

表 5-8 畜禽肉的化学组成

名称	含量/%					热量/(J/kg)
	水分	蛋白质	脂肪	碳水化合物	灰分	
牛肉	72.91	20.07	6.48	0.25	0.92	6286.4
羊肉	75.17	16.35	7.98	1.92	1.92	5893.8
猪肥肉	47.40	14.54	37.34	0.72	0.72	13731.3
猪瘦肉	72.55	20.08	6.63	1.10	1.10	4869.7
马肉	75.90	20.10	2.20	0.95	0.95	4305.4
鹿肉	78.00	19.50	2.50	1.20	1.20	5358.8
兔肉	73.47	24.25	1.91	1.52	1.52	4890.6
鸡肉	71.80	19.50	7.80	0.96	0.96	6353.6
鸭肉	71.24	23.73	2.65	1.19	1.19	5099.6
骆驼肉	76.14	20.75	2.21	0.90	0.90	3093.2

表 5-9　畜禽肉不同部位的化学组成

肉（中等质量）		不可食部分/%	可食部分			
			水/%	蛋白质/%	脂肪/%	灰分/%
牛肉	胴体	16	60	17.5	22	0.87
	肋条	7	65	18.6	16.7	0.88
	腰肉	14	57	16.9	25	0.84
	后大腿肉	11	67	19.3	13	0.95
	臀部	24	53	15.5	31	0.77
猪肉	胴体	12	42	11.9	45	0.6
	腹肉	7	34	9.1	56	0.5
	腰肉	19	34	16.4	25	0.9
	后大腿	24	53	15.2	31	0.8
羊肉	腿肉	17	63.7	18.0	17.5	0.9
	腰肉	15	—			
	肋肉	24	51.9	14.9	32.4	0.8
	肩肉	20	58.3	15.6	25.3	0.8
鸡肉	鸡胸肉	—	75	21	0.9	

肉制品加工可以分为多种类型，一般分为干制品、腌腊制品、酱卤制品、灌肠制品、罐头等。与普通意义上的肉制品加工相比，肉制品加工强调原辅料来源，加工运输保藏过程保证无污染无变质。

肉脯是干制肉制品的典型代表，早在《周礼》中，就有关于肉脯的文字记载，《礼记》则有"牛修、鹿脯"之说；《论语》有"沽酒市脯"之句。北魏的《齐民要术》有专门一章"脯腊"，介绍肉脯的制作及品种。据史料记载，南北朝时有五味脯、白脯、甜脆脯，唐朝时有赤明香脯、红虬脯，到元明之际有千里脯，都是当时闻名遐迩的肉脯品种。因此，肉脯的历史已经有 3000 多年了。

肉脯是先成形再经熟制加工而成的易于常温下保藏的一类干熟类肉制品。肉脯的名称及品种不尽相同，较为有名的有靖江猪肉脯、上海猪肉脯、汕头猪肉脯等，也可以用牛肉、鸡肉、鱼肉、兔肉来制作，配料中可以加入香料、辣椒、花生酱等形成不同风味。

二、肉脯加工原理

新鲜肉类食品不仅含有丰富的营养物质，而且含水量一般都在 60%以上，如保管储藏不当极易引起腐败变质。各种微生物的生命活动，是以渗透的方式摄取营养物质，必须有一定的水分存在。例如，蛋白质食品适于细菌生长繁殖，最低限度的含水量为 25%～30%，霉菌为 15%。因此，肉类食品脱水之后使微生物失去获取营养物质的能力，抑制了微生物的生长，以达到保藏的目的。经过脱水干制，其水分含量可降低到 20%以下。

(一) 加工配方

配方随各地所采用的工艺和口味嗜好各有不同，同一地区不同厂家也会有所偏重和特殊。下面仅列举部分配方示例。

1. 靖江猪肉脯

主料：猪腿肉 5 kg。

辅料：鸡蛋 150 g，酱油 425 g，胡椒 5 g，味精 25 g，天然香料适量。

2. 上海猪肉脯

主料：猪腿肉 5 kg。

辅料：精盐 125 g，无色酱油 50 g，白糖 700 g，高粱酒 125 g，红米粉 50 g，五香粉 10 g。

3. 汕头猪肉脯

主料：猪腿肉 5 kg。

辅料：白糖 800 g，酒 75 g，鱼露 500 g，鸡蛋 125 g，胡椒 10 g。

4. 湖南猪肉脯

主料：猪腿肉 5 kg。

辅料：白砂糖 800 g，大曲酒 100 g，盐 140 g，味精 26 g，姜 50 g，芝麻 300 g，五香粉 16 g。

(二) 加工工艺

随着各厂家对工艺的改进创新，肉脯加工的全程工艺、参数和标准在不断变化，但基本工艺可以归纳为传统工艺和现代工艺两种。

1. 传统工艺路线

原料选择→预处理→冷冻→切片→拌肉→腌制→摊筛→烘烤→烧烤→压平→切片成形→包装。

操作要点：

(1) 原料选择与预处理：选择经过检验、来自非疫区的新鲜畜禽后腿肉，屠宰剔骨后，要求达到一级鲜度标准。剔去碎骨、皮下脂肪、筋膜、肌腱、淋巴、血污等，清洗干净备用。

(2) 冷冻：将修割整齐的肉块移入 $-20\sim-10$ ℃的冷库中速冻，以便于切片。冷冻时间以肉块深层温度达 $-5\sim-3$ ℃为宜。

(3) 切片：切片厚度一般控制在 1~3 mm，但国外肉脯有向超薄型发展的趋势，最薄的肉脯只有 0.05~0.08 mm，一般在 0.2 mm 左右。可以采用专门的刨片设备，刨片厚度为 1～1.5 mm。刨片时，需要加水来润滑刀片。

（4）拌肉、腌制：在不超过 10 ℃的冷库中腌制 2 h 左右。

（5）摊筛。

（6）烘烤：烘烤温度控制在 75～55 ℃，前期烘烤温度可稍高。肉片厚度为 2～3 mm 时，烘烤时间 2～3 h。

（7）烧烤：烧烤时可把半成品放在远红外空心烘炉的转动铁网上，用 200 ℃左右温度烧烤 1～2 min，至表面油润、色泽深红为止。成品中含水量小于 20%，一般为 13%～16%。

（8）压平、切片成形、包装。

2. 现代加工工艺

用传统工艺加工肉脯时，存在切片、摊筛困难，难以利用小块肉和小畜禽及鱼肉，无法进行机械化生产。因此，相关从业人员设计出了肉脯生产新工艺并在生产实践中广泛推广使用。

工艺流程：原料选择→预处理→斩拌→腌制成形→烘干→熟制→压片→切片→包装。

操作要点：

（1）原料选择与预处理：同传统工艺。

（2）斩拌：整理后的原料肉，用斩拌机尽快斩成肉糜，在斩拌过程加入各种配料，并加入适量的水。斩拌肉糜要细腻，原辅料混合均匀。

（3）腌制成形：斩拌后的肉糜先置于 10 ℃以下腌制，以使各种辅料渗透到肉组织中去。将腌制好的肉糜抹到已刷过油的不锈钢或铝盘上，直到抹平整光滑。薄层厚度一般为 2 mm 左右，太厚不利于水分的蒸发和烘烤，太薄不易成形。

（4）烘干：将成形肉糜送入 65～70 ℃远红外烤箱中烘制 2.5～3 h。待大部分水分蒸发，能顺利揭开肉片时，即可揭片翻边，进一步烘烤。等水分含量降到 18%～20%时结束烘烤，取出肉片自然冷却。

（5）熟制和压片：将肉片送入 120～150 ℃远红外烤箱中烘烤 2～3 min，烘制肉片呈棕黄色或棕红色，立即取出，避免焦煳。出炉后肉片尽快用压平机压平，使肉片平整，烘烤后肉片水分含量不超过 13%～15%。

（6）切片和包装：切片尺寸根据销售包装要求而定。

（三）影响成品质量和口感的主要因素

（1）原料是直接影响肉脯成品质量的主要因素。原料肉必须采用非疫区健康良好、符合食品要求的牲畜，而且要采用 pH 值在 5.6～6.4，经 10 h 排酸冷却到 5 ℃左右的新鲜畜肉。不允许用配种的公畜、产过小畜的母畜、黄脂畜及冷冻两次或质量不好的畜肉。如用冻肉，最好采用近期宰杀和不超过 3 个月的冷冻分割肉。冷冻分割肉原料，宜采用断续定时喷淋和自然解冻相结合的方法，解冻温度控制在夏季 11～18 ℃，冬季 10～15 ℃，解冻时间 10～14 h，解冻结束后肌肉中的温度控制在－1～3 ℃，解冻温度不能过高或过低，过高会大量繁殖微生物，过低会产生冰晶体。原料肉经过去皮、骨、筋膜、肌腱、粗血管、血淤、淋巴结等，选择修检好的瘦肉方可加工肉脯。

（2）配料。肉脯加工中使用的配料有八角、茴香、豆蔻、丁香、桂皮、花椒、小磨香油、黏着剂等。配料要讲究科学，添加量应符合国家标准。经过处理后的肉脯色泽必须均匀，呈棕红色，无焦瘢痕迹，味道醇正，咸淡适中，具酥、香、脆典型的干制品风味，无异味。

（3）在一定范围内，肉糜越细，肉脯质地及口感越好。

（4）肉脯的涂抹厚度以 1.5～2.0 mm 为宜。

（5）腌制时间以 1.5～2.0 h 为宜。

（6）烘烤。腌制好的原料肉进烘烤室内烘烤的温度不能太高或太低，温度过高烤焦肉片，会使肌肉纤维组织肉质老化；温度过低，会使肉质不熟。烘烤温度 70～75 ℃，时间以 2 h 左右为宜，中途需要翻片。烘烤以 120～150 ℃、2～5 min 为宜。颜色呈棕黄色或棕红为好，立即取出，避免烧焦。成品中含水量不超过 13.5%，以适合于消费者口感，同时延长储存期。

（7）表面处理。在烘烤前用 50%的全鸡蛋液涂抹肉脯表面效果很好。在烘烤前进行压平效果较好。

（8）肉脯的运输储存问题。一般肉脯储存在 0 ℃的低温库中，储存期为 4～6 个月，在常温下运输，但是不能曝晒、近热，以免产品受热变质。

（9）肉脯在售卖过程中常会出现霉变现象，这通常是由于水分控制没有达到要求所致。通过添加山梨糖醇，可以在较大含水量的情况下保持制品在一定时间内不发生霉变。另外，采用真空包装也可以延长保质期。

任务实施

实训任务二　牛肉脯加工

一、实训目的

熟悉肉脯对原料和其他辅料的要求。

掌握肉脯制作的基本方法和工艺、肉脯配方设计和工艺修正。

掌握工序质量判断和成品感官评定，掌握切片机和烘箱的操作。

二、实训要求

（1）详细做好试验记录。

（2）注意观察试验现象。

（3）分析影响成品质量的因素。

三、原辅材料和仪器

原辅材料：牛肉、食盐、白糖、酱油、味精、胡椒粉、姜粉、三聚磷酸钠、白酒。

仪器：切片机、烘箱、压平机等。

四、操作步骤

1. 工艺一

1）原料肉选择处理

选用符合食品要求的新鲜牛肉，去除肥膘、筋腱、肌膜等结缔组织，将纯精瘦肉冷冻，使其中心温度降至-2 ℃，上切片机切成0.2 cm厚的肉片。

2）腌制

将配料混合均匀后与肉片拌匀，采用干腌法腌制50 min，注意将肉片与配料充分配合，搅拌均匀，使调味料吸收到肉片内。

3）铺筛

肉中加入四个鸡蛋，搅拌均匀，筛网上涂植物油后平铺上腌制好的肉片，切片之间靠溶出的蛋白粘连成片。

4）烘烤

将筛网送入烘房内，保持80~85 ℃，烘烤2~3 h，使肉片形成干坯，再于130~150 ℃下烘烤约10 min，使肉坯进一步熟化，表面出油至棕红色为止，此时肉片外观油润，产生特有风味。

5）压平、切割、成品

烘好的肉片用压平机压平、切片、包装后即为成品。

2. 工艺二

1）切片、腌制、铺筛、压片、切割、包装

方法同上。

2）烘烤

将装有肉片的筛网放入烘烤房内，温度为65 ℃，烘烤5~6 h后取出冷却。

3）焙烤

把烘干的半成品放入高温烘烤炉内，炉温为150 ℃，将肉片烘出油，呈棕红色。产品特点：颜色棕红有光泽，切片均匀，滋味鲜美无异味，含水量在20%以下。

3. 注意事项

（1）投料顺序：先加固体，再加三聚磷酸钠溶液（三聚磷酸钠10 g，水50 mL），最后加白酒。

（2）肉片厚度控制均匀。太厚不利于水分蒸发和烘烤风味形成，太薄则不易成形。

（3）注意控制烘烤温度。温度过低，费时耗能且风味形成不足，质地松软；温度过高，表面容易过热起泡，焦糊，褐变明显。

五、产品质量要求

根据《肉脯》（GB/T 31404—2015）中的要求，肉脯感官要求见表5-10。

表5-10 肉脯感官要求

项目	指标	
	肉脯	肉糜脯
形态	片型整齐，厚薄均匀，可见肌纹，无焦片、生片	片型整齐，厚薄均匀，允许有少量脂肪析出及微小空洞，无焦片、生片

续表

项目	指标	
	肉脯	肉糜脯
色泽	呈棕红、深红、暗红色，色泽均匀，油润有光泽	
滋味与气味	滋味鲜美、醇厚、香味醇正，具有该产品特有的风味	
杂质	无肉眼可见杂质	

实训完毕，对成品进行感官检验，将评定结果填于表5-11，并分析产品的不足，提出有益改进措施。

表 5-11　产品评定记录表

评定项目	标准分值	实际得分	缺陷分析	评定项目	标准分值	实际得分	缺陷分析
颜色	15			口感	25		
气味	10			质地	15		
形状	20			风味	15		

任务三　乳制品的绿色加工

任务目标	任务描述	本任务要求通过对原料乳基础知识和鲜奶生产加工的学习，了解乳制品相关知识；通过对实训任务"巴氏消毒乳加工"的学习对乳制品有更深的了解
	任务要求	了解乳制品的生产标准；掌握鲜乳的生产要求及灭菌乳的绿色加工工艺

任务准备

一、乳的组成

正常牛乳中各种成分的组成大体上是稳定的，但也受牛乳的品种、个体、地区、泌乳期、畜龄、挤乳方法、饲料、季节、环境、温度及健康状态等因素影响而有差异，其中变化最大的是乳脂肪，其次是蛋白质，乳糖及灰分则比较稳定。牛乳的主要化学成分及含量见表5-12。

表 5-12　牛乳的主要化学成分及含量

成分	水分	总乳固体	脂肪	蛋白质	乳糖	无机盐
平均含量/%	87.5	13.0	1.0	3.4	4.8	0.8

二、乳的分散体系

乳是哺乳动物分娩后由乳腺分泌的一种白色或微黄色的不透明液体。乳中含有多种化学成分,其中水是分散剂,其他各种成分如脂肪、蛋白质、乳糖、无机盐等呈分散质分散在乳中,形成一种复杂的分散体系,有以蛋白质为主构成的乳胶体,有以乳脂肪为主构成的乳浊液,有以乳糖为主构成的真溶液。牛乳的物理性状见表5-13。

表5-13　牛乳的物理性状

成分	平均含量/%	类型
水分	87	—
脂肪	4.0	油/水型乳浊液
乳糖	3.5	真溶液
蛋白质	4.7	胶体溶液
灰分	0.8	真溶液

各种分散体系相互制约、相互影响,从而形成总的分散系统。其中,乳胶体由酪蛋白、白蛋白和球蛋白组成,平均直径为1~500 nm,乳脂肪球的平均直径为3000~5000 nm。分散体系的构成和稳定程度对乳的储藏性能、加工性能有非常重要的影响。在乳制品生产中,通常需要针对性地进行均质、标准化或成分分离,以便于加工和保证产品质量。

三、乳的营养学意义

乳的营养丰富,成分齐全,容易消化,是哺乳动物初生阶段维持生命和发育不可替代的必需食品。其中,乳脂肪消化率达97.4%,而植物油只有91.6%,同时含有花生四烯酸、亚麻酸、亚油酸等大量必需脂肪酸,并且含有大量脂溶性维生素。乳蛋白消化率高达98%,仅次于鸡蛋,组成乳蛋白的氨基酸种类齐全且比例合理,1 L乳能满足全天的氨基酸需求,并且乳的生物价高达85,高于肉类、鱼类及花生、大豆等植物蛋白质。

乳中的乳糖是自然界中仅存于乳中的糖类。乳糖在肠道中通过肠道细菌的发酵生成乳酸,可以抑制其他有害细菌的繁殖,防止婴儿下痢,改善人体胃肠道的pH值,缓解或消除一些肠道疾病,其发酵产物对治疗消化道疾病较有效,对恶性肿瘤也有一定的抑制作用。

乳中的盐类主要以无机磷酸盐和有机柠檬酸盐的状态存在,钙、磷含量丰富,比例恰当,是人体补充钙、磷的最好食品。

从养殖角度分析,在各种动物为原料的食品生产中,奶牛的饲料转化率高,生产成本最低。1 kg饲料所能获得的动物蛋白,牛奶高达140 g,鸡肉、鱼肉、蛋、猪肉分别为110 g、90 g、59 g、24 g。

乳制品种类繁多,可以分为液态乳、酸乳、炼乳、乳粉、奶酪、冰激淋等,其中液态乳是生活中最为常见和食用最多的一类。液态乳可以分为巴氏杀菌乳、超高温灭菌乳和再制乳,其主体加工工艺基本相同。本任务介绍巴氏杀菌乳和超高温灭菌乳。

1. 巴氏杀菌乳

巴氏杀菌是指杀死引起人类疾病的所有微生物及最大限度破坏腐败菌和乳中酶的一

种加热方法，以确保食用者的安全。巴氏杀菌乳即市售乳。按《巴氏杀菌乳和 UHT 灭菌乳中复原乳的鉴定》规定，低温长时杀菌（LTLT）乳（62～65 ℃保持 30 min）和高温短时（HTST）杀菌乳（72～76 ℃保持 15 s 或 80～85 ℃保持 10～15 s）均属于巴氏杀菌乳。

由高质量原料所生产的巴氏杀菌乳在未打开包装状态下，5～7 ℃条件储藏，保质期一般应该 8～10 d。带有微滤装置的巴氏杀菌乳在低于 7 ℃条件下，保质期达到 40～45 d 是有可能的。

巴氏杀菌乳的主体工艺流程：原料乳验收和分级→脱气、过滤和净化→标准化→均质→巴氏杀菌→冷却→灌装→检验→冷藏。

操作要点：

(1) 原料乳的验收和分级。巴氏杀菌乳的质量决定于原料乳。工厂接受厂外原料乳必须进行质检验收，以确保原料的储存和加工性能及产品安全。因此，对原料乳的质量必须严格管理，认真检验。只有符合标准的原料乳才能生产杀菌乳。检查通常有嗅觉、味觉、外观、尘埃、温度、酒精、酸度、密度、脂肪率、细菌数等。例如，相对密度 1.028，酸度小于 20 个特尔纳度，脂肪含量大于 3.1%，非脂乳固体大于 8.5%，细菌指数小于 10^6/mL，甲基蓝试验大于 6 h 不褪色，刃天青试验>40 min。

(2) 脱气、过滤和净化。除去乳中的气体、尘埃、杂质、乳腺组织和白细胞等，使乳达到工业加工原料的要求，而且降低氧化的损伤，同时减少乳中细微的泡沫，提高牛乳在管道输送中的流量计量准确性，消除其对乳品的加工和产品质量的影响。

脱气通常利用真空进行，过滤可以用传统的纱布过滤，即将消毒过的纱布折 3～4 层，结扎在乳桶口上，称重后的乳倒入扎有纱布的桶中即可达到过滤的目的，也可以用管式过滤器。净化现在多用自动排渣离心净乳机，借用分离的钵片在做高速圆周运动时产生的强大离心力，当牛乳进入净乳机时促使牛奶沿着钵片与钵片的间隙形成一层层薄膜，并涌往上叶片的叶轮，朝着出口阀门流出，而比重大于牛乳的杂质被抛向离心体内壁四周。

(3) 标准化。标准化的目的是保证牛奶中含有规定的最低限度的脂肪。各国牛乳标准化的要求有所不同。一般来说，低脂奶含脂率为 0.5%，普通乳为 3%。因而，在乳品厂中牛乳标准化要求非常精确，若产品中含脂率过高，乳品厂就浪费了高成本的脂肪，而含脂率太低又等于欺骗消费者。乳品厂每天收购的原料乳质量差异大且生产班次不固定，而产品质量必须保证均匀一致。因此，每天分析含脂率是乳品厂的重要工作。乳的标准化主要针对乳脂肪进行，我国《食品卫生标准》规定，巴氏杀菌乳的含脂率为 3.0%。因此凡不合乎标准的乳都必须进行标准化处理。

(4) 均质。在杀菌乳生产中，为防止脂肪上浮或其他成分沉淀而造成的分层，减少颗粒的沉淀、酪蛋白在酸性条件下的凝胶沉淀，需要将乳中脂肪球在强力的机械作用下破碎成小的脂肪球，均质的同时还能改善牛乳的消化、吸收程度。

均质可以是全部的，也可以是部分的。牛乳进行均质时温度宜控制在 50～65 ℃，在此温度下乳脂肪处于熔融状态，脂肪球膜软化有利于提高均质效果。通常进行均质的温度为 65 ℃，一般均质压力为 16.7～20.6 MPa。如生产中采用二段均质机，其中：第一段均质压力大（占总均质压力的 2/3，如 16.7～20.6 MPa），形成的湍流强度大是为了打破脂肪球；第二段的压力小（占总均质压力的 1/3，如 3.4～4.9 MPa），形成的湍流强度很小,不足以打破脂肪球,因此不能再形成新的团块,但可打破第一段均质形成的均质团块。

(5)巴氏杀菌。鲜乳处理过程中往往受许多微生物的污染(其中 80%为乳酸菌),因此,当利用牛乳生产消毒牛乳时,为了提高乳在储存和运输中的稳定性,避免酸败,防止微生物传播造成危害,最简单而有效的方法就是利用加热进行杀菌或灭菌处理。另外,均质破坏了脂肪球膜并暴露出脂肪,与未加热的脱脂乳(含有活性的脂肪酶)重新混合后缺少防止脂肪酶侵袭的保护膜,因此混合物必须立即进行巴氏杀菌。

经过标准化和均质的牛乳由管道直接被送入进行巴氏杀菌,在一定温度下保持足够的时间。一般采用 80~85 ℃、10~15 s 杀菌。如果加热段的杀菌温度过低,加热段入口前转流阀需改变流向,将待杀菌乳送回。杀菌后,必须进行检查确保杀菌达标,如果杀菌后牛乳未达到设定温度值,则必须通过回流阀使其返回重新进行杀菌。

(6)冷却。经杀菌后,虽然牛乳中绝大部分或全部微生物都已消灭,但是在以后各项操作中还是有被污染的可能,为了抑制牛乳中残留微生物的生长繁殖,延长保存期,仍需要及时进行冷却,通常将牛乳冷却至 4 ℃左右。

(7)灌装、检验和冷藏。冷却乳应迅速灌装,以防止外界杂质混入成品中,防止微生物再污染,保存风味,防止因吸收外界气味而产生异味,以及防止维生素等成分受损失,等等。灌装容器主要为玻璃瓶、乙烯塑料瓶、塑料袋和涂塑复合纸袋包装。

灌装是微生物最后进入(污染)牛奶的重要环节。控制巴氏消毒乳二次污染的措施:一是包装间隔短,实施有效的空气净化;二是灌装机与乳接触部的消毒杀菌;三是包装材料的杀菌处理。一般采用无菌包装系统,即将杀菌后的牛乳,在无菌条件下装入提前杀菌的容器里,然后通过质量检验将合格产品放入库中冷藏。

2. 超高温灭菌乳

超高温灭菌乳是在连续流动情况下,在 130 ℃杀菌 15 s 或者更长的时间,然后在无菌条件下包装的牛乳。系统中的所有设备和管件都是按无菌条件设计的,这就消除了重新染菌的危险性,因而也不需要二次灭菌。目前大多数牛乳都是采用这种灭菌方法。

根据加热方式不同,超高温灭菌分为直接蒸汽加热和间接加热。大多数乳品厂采用管式间接超高温灭菌。工艺流程同巴氏杀菌乳基本类似,操作要点上有所不同。

(1)预热和均质。牛乳从料罐泵送到超高温灭菌设备的平衡槽,由此进入板式热交换器的预热段与高温乳热交换,使其加热到约 66 ℃,同时无菌乳冷却,经预热的乳在 15~25 MPa 的压力下均质。

(2)杀菌。经预热和均质的牛乳进入板式热交换器的加热段,在此被加热到 137 ℃。加热用热水温度由蒸汽喷射予以调节。加热后,牛乳在保温管中流动 4 s。

(3)回流。如果牛乳在进入保温管之前未达到正确的杀菌温度,在生产线上的传感器便把这个信号传给控制盘。然后回流阀开动,把产品回流到冷却器,在这里牛乳冷却到 75 ℃再返回平衡槽或流入一单独的收集罐。一旦回流阀移动到回流位置,杀菌操作便停止。

(4)无菌冷却。离开保温管后,牛乳进入无菌预冷却段,用水从 137 ℃冷却到 76 ℃。进一步冷却是在冷却段与牛乳完成热交换,最后冷却温度要达到约 20 ℃。

任务实施

实训任务三 巴氏杀菌乳加工

一、实训目的

了解原料乳的简单检验、来料处理，掌握巴氏杀菌乳的生产工艺，增强对乳和液态乳制品加工基础知识的理解。

二、实训要求

（1）详细做好试验记录。
（2）注意观察试验现象。
（3）分析影响成品质量的因素。

三、原辅材料和仪器

原辅材料：原料乳。

仪器：小型巴氏杀菌乳成套生产线（含离心分离机、调配罐、巴氏杀菌机、板式换热器、均质机、利乐包牛乳灌装线）。

四、操作步骤

1. 原料乳分离稀奶油和脱脂奶

依据实际产品最终理化指标要求，可选择对部分原料乳进行或不进行低温浓缩；若进行浓缩，浓缩温度为 45～60 ℃；浓缩后的牛乳与生牛乳混合，蛋白质浓度达到 3.0% 以上。也可以在均质前进行蛋白质标准化。

2. 稀奶油分离与杀菌

混合后的牛乳加热到 45～55 ℃，分离稀奶油。稀奶油杀菌后冷却暂存。脱脂奶脂肪含量小于 0.1%。杀菌温度可根据情况选择 95 ℃、5 min，120 ℃、15 s 或 130 ℃、4 s 等。

3. 脱脂奶离心除菌

首先进行离心除菌，先将脱脂乳加热到 45～55 ℃，再进行离心，离心除菌机的运行参数为 4000～5000 r/min，10～30 min。然后进行微滤除菌，微孔滤膜孔大小为 0.8 μm，脱脂乳温度为 45～55 ℃，脱脂乳的脂肪含量小于 0.1%。

4. 标准化

标准化根据需要决定是否添加脱脂乳和稀奶油，以保证蛋白质含量、脂肪含量达到要求，实现标准化。具体操作以在离心除菌后、微滤除菌前进行为宜。

5. 脱脂乳与稀奶油混合均质

脱脂乳与稀奶油混合后在 55～65 ℃、15～25 MPa 条件下均质。均质后的牛乳还可与剩余脱脂乳混合。

6. 杀菌

脱脂乳杀菌温度为 72～75 ℃、15～20 s。

7. 冷却灌装

牛乳冷却后采用超清洁屋顶盒灌装，于 4~6 ℃储存。

五、成品质量要求

依据《食品安全国家标准 巴氏杀菌乳》（GB 19645—2010）进行品质检验，包括感官特性、理化指标和卫生指标三项。试验中可选择部分指标进行检验。

1. 感官检验

巴氏杀菌乳感官特性符合表 5-14 规定。

表 5-14 巴氏杀菌乳感官标准

项目	全脂巴氏杀菌乳、部分脱脂巴氏杀菌乳、脱脂巴氏杀菌乳
色泽	呈均匀一致的乳白色或微黄色
滋味和气味	具有乳固有的滋味和气味，无异味
组织状态	均匀的液体，无沉淀、无凝块、无黏稠现象

检验方法如下：

（1）取适量试样于 50 mL 烧杯中，在自然光下观察色泽和组织状态。

（2）取适量试样于 50 mL 烧杯中，先闻气味，然后用温开水漱口，再品尝样品的滋味。

2. 净含量

单件定量包装产品净含量负偏差不得超过表 5-15 的规定，同批产品的平均净含量不得低于标签上注明的净含量。

表 5-15 巴氏杀菌乳（盒装/瓶装）净含量允许偏差标准

净含量/mL	负偏差允许值	
	相对偏差/%	绝对偏差/mL
100~200	45.5	—
200~300	—	9
300~500	3	—
500~1000	—	15
1000~10000	1.5	—

净含量检测：将单件定量包装的内容物完全移入量筒中，读取体积数。

若试验条件允许，可以检测蛋白质、脂肪、非脂乳固体、酸度和杂质度等及卫生指标。具体请参考《食品安全国家标准 巴氏杀菌乳》（GB 19645—2010）。

任务四　蛋制品的绿色加工

任务目标	任务描述	本任务要求通过对蛋的基础知识、再制蛋产品——皮蛋加工原理及生产工艺的学习，掌握蛋品的加工技术。通过实训任务"浸泡法加工松花蛋"，熟练掌握蛋类再制的绿色加工
	任务要求	深入了解蛋的基础知识；掌握再制蛋及松花蛋的加工技术

任务准备

一、蛋的基础知识

人类食品中所指的蛋一般是禽蛋，完整定义为由母禽生殖道产出的（受精）卵细胞，其间含有由受精卵发育成胚胎所必需的营养成分和保护这些营养成分的物质。人类将禽蛋作为食物主要是因为禽蛋含有丰富的营养物质，是仅次于肉、乳的主要畜禽制品。

从物理结构上划分，蛋分为蛋壳（包括蛋壳外膜）、壳下膜、气室、蛋白、蛋黄。其中，蛋壳上分布有大量微细小孔，是蛋与外界进行物质交换的通道，如二氧化碳。皮蛋及咸蛋的加工过程中，辅料即是通过气孔进入蛋内而起作用的。蛋白又称蛋清或卵清，是典型的胶体物质，约占蛋重的60%，为略带微黄色的半透明流体。蛋黄则由蛋黄膜、蛋黄液和胚胎三部分构成，主体部分蛋黄液是一种浓厚、黄色、不透明的半流体糊状物，是禽蛋中营养成分最丰富的部分。

鲜蛋主要成分为水、蛋白质、脂肪，以及少量的碳水化合物和无机盐，另外包含维生素、色素等。主要禽蛋的化学组成见表5-16。从表中可以看出，各种蛋的成分相差很大，而且分布非常不均匀。

表 5-16　主要禽蛋的化学组成　　　　　　　　　　　　　　单位：g

种类	水分	蛋白质	脂肪	碳水化合物	灰分
鸡蛋	70.8	11.8	15.0	1.3	1.1
鸭蛋	67.3	14.2	16.0	0.3	2.0
火鸡蛋	73.3	13.4~14.2	11.2	—	0.9
鹌鹑蛋	72.9	12.3	12.3	1.5	1.0
鹅蛋	69.3	12.3	14.0	3.7	1.0
鸡蛋白	86.6	11.6	0.1	0.8	0.8
鸡蛋黄	49.0	16.7	31.6	1.2	1.5
鸭蛋白	87.8	10.9	—	0.5	0.8
鸭蛋黄	46.3	16.9	35.1	1.2	1.2
火鸡蛋白	87.6	11.5~12.5	微量	—	0.8
火鸡蛋黄	48.3	17.4~17.6	32.9	—	1.2

蛋由蛋壳、蛋白和蛋黄组成，其中蛋壳以无机物碳酸钙为主，有少量的碳酸镁、磷酸钙及磷酸镁。有机物占蛋壳的 3%~6%，主要为胶原蛋白。除了水分外，蛋白质是蛋白中的主要干物质，含量为 11%~13%，蛋白中约有 40 种蛋白质。主要包括卵白蛋白、伴白蛋白、卵黏蛋白、卵类黏蛋白、卵球蛋白，此外还有抗生物素蛋白质、卵巨球蛋白等多种蛋白质。蛋黄含有约 50%的干物质，主要成分为蛋白质和脂肪，二者的比例为 1:2，其中脂肪以脂蛋白的形式存在。

蛋的营养价值很高，是高价蛋白质的来源，蛋清中的蛋白（如卵白蛋白），蛋黄中的蛋白（如卵黄磷蛋白），都是完全蛋白质。蛋中含有 8 种必需氨基酸，含量丰富，比例适当，最接近人体所需氨基酸比例。同时，蛋中含有丰富的不饱和脂肪酸。

禽蛋有许多重要特性，其中与食品加工有密切关系的特性为蛋的凝固性、乳化性和起泡性。这些特性使蛋在各种食品中得到广泛应用，如蛋糕、饼干、蛋黄酱、冰激淋等。

1. 蛋的凝固性

卵蛋白受到热、盐、酸或碱及机械作用，会发生凝固，这实际上是一种卵蛋白质分子结构变化的结果。这一变化使蛋液增稠，由流体（溶胶）变成半流体或固体（凝胶）状态。蛋白在 pH 值 2.3 以下或 pH 值 12.0 以上会形成凝胶，而在 pH 值为 2.2~12.0 则不发生凝胶化。松花蛋加工即利用这一特点。

2. 蛋黄的乳化性

蛋黄中含有丰富的卵磷脂，由于卵磷脂分子含有能与油脂结合的疏水基和与水分子结合的亲水基，因此蛋黄具有很好的乳化效果，常应用于蛋黄酱、色拉调味料、起酥油、面团的制作；另外低密度脂蛋白比高密度脂蛋白乳化力强。

3. 蛋白的起泡性

蛋白的起泡性是指搅打蛋清时，空气进入蛋液形成泡沫而具有的发泡和保持发泡的性能。

二、蛋制品及松花蛋加工原理

蛋制品大体上分为腌制蛋、湿蛋制品、干蛋制品及蛋黄酱、鸡蛋酸乳酪等其他制品。腌制蛋是在保持蛋原形的情况下，主要经过碱、食盐、酒糟等加工处理后制得的蛋制品，包括皮蛋、咸蛋和糟蛋三种。湿蛋制品是将检验合格的鲜蛋去壳后，经特定加工工艺而生产出的一类水分含量较高的蛋制品，如液蛋、冰蛋等。干蛋制品是将鲜蛋液经过干燥脱水处理后的一类蛋制品，如蛋黄粉、蛋白片等。

松花蛋因成品蛋清上有似松花样的花纹，故得此名。又因成品的蛋白似皮胨，有弹性故称皮蛋。松花蛋切开后可见蛋黄呈不同的多色状，故又称彩蛋，还有泥蛋、碱蛋、便蛋及变蛋之称。由于加工方法不同，成品蛋黄组织状态有异而分为溏心松花蛋和硬心松花蛋。

松花蛋是将纯碱、生石灰、植物灰、黄泥、茶叶、食盐、硫酸锌、水等几类物质按一定比例混合后，将蛋放入其中，在一定的温度和时间内，使蛋内的蛋白和蛋黄发生一系列变化而形成的。各种辅料所起的作用如下。

1. 纯碱

纯碱化学名为碳酸钠,和熟石灰(氢氧化钙)反应所生成的氢氧化钠溶液对鲜蛋起作用。松花蛋用纯碱要求色白、粉细,含碳酸钠在96%以上,若碳酸钠放置过久,则会使效力降低,因此,使用前必须测定碳酸钠含量。

2. 生石灰

生石灰(氧化钙)和水反应生成熟石灰(氢氧化钙)。氢氧化钙再和纯碱反应产生氢氧化钠和碳酸钙。松花蛋用生石灰要求体轻、块大、无杂质,加水后能产生强烈气泡和热量,并迅速由大块变小块,最后呈白色粉末状,石灰中的有效钙是游离氧化钙。要求有效氧化钙含量不低于75%。

3. 茶叶

茶叶有红茶、绿茶、乌龙茶及茶砖等。红茶是发酵茶,其鲜叶中的茶多酚发生氧化,形成古铜色,是加工松花蛋的上等辅料。乌龙茶是一种半发酵茶,作用仅次于红茶。目前多用红茶末、混合茶末及茶砖等,有的地区用山楂果叶、无花果叶代替茶叶也能起到一定的作用。

4. 食盐

食盐可使鲜蛋凝固、收缩、离壳,还具有增味、提高鲜度及防腐作用,一般以料液中含3%~4%的食盐为宜。

5. 硫酸锌

硫酸锌能缓冲碱的吸收,调节碱吸收平衡,从而调配和加速其他配料浸入蛋中,以减少"碱伤害"的产生。氧化锌等也能起到类似作用。

6. 草木灰

草木灰包括柴灰、豆秸灰及其他的植物灰,都可作为包料黏合剂使用。草木灰中含有碳酸钾,其碱性比较弱,对蛋白的凝固能起一定作用,是比较理想的辅料。如果用柏枝等柴灰会有特殊气味和芳香味,可提高松花蛋的风味,增进色泽。草木灰应清洁、干燥,呈无杂质的细粉状。

7. 黄泥

黄泥黏性强,与其他辅料混合后呈碱性,不仅可以防止细菌浸入,而且可以保持成品质量的稳定性。

松花蛋的形成是纯碱与生石灰、水作用生成的氢氧化钠及其他辅料共同作用的结果。鲜蛋蛋白中的氢氧化钠含量达到0.2%~0.3%时,蛋白就会凝固。鲜蛋浸泡在5.6%左右的氢氧化钠溶液中,7~10 d就成胶凝状态。胶凝适度的蛋白弹性强,滑嫩适口。

三、松花蛋加工工艺

松花蛋的加工方法很多,大致工艺相同。一般分为硬心皮蛋和溏心皮蛋。

(一)硬心皮蛋

硬心皮蛋是直接用料泥涂包鲜蛋,蛋的收缩凝固缓慢,成熟期长,适于长期储存。其工艺流程:配料→制料→起料→冷却→打料→验收→照蛋→靠蛋→分级→搓蛋→钳蛋→装缸→质检→出缸→选蛋→包装。

(二)溏心皮蛋

溏心皮蛋采用浸泡法加工,其工艺流程:配料→熬料(冲料)→照蛋→敲蛋→分级→下缸→灌料泡蛋→质检→出缸→洗蛋→晾蛋→包蛋→成品。加工松花蛋的配方随地区、季节及蛋的品质而变化,配料成分基本与硬心皮蛋一致。

料液配制可以是熬料法,也可以是冲料法。熬料法是在耐碱性不锈钢锅内将纯碱、食盐、红茶末、松柏枝、水等煮沸,再加入其他成分。冲料法则是直接利用开水将配料泡开搅拌均匀。配好的料液需要冷却下来备用。一般夏季冷却至 25~27 ℃,春秋季冷却至 17~20 ℃。

配制好的料液,在浸蛋之前需对其进行碱度测定,一般氢氧化钠的含量以 4.5%~5.5% 为宜,也可进行简易试验。用少量料液,把鲜蛋蛋白放入其中,经 15 min 左右,如果蛋白不凝固则碱度不足,若蛋白凝固,还需检查有无弹性。若有弹性,再放入碗内经 1 h 左右,蛋白稀化则料液正常;如在 0.5 h 内即稀化,则碱度过大,不宜使用。

料液准备完成即可将原料蛋放入缸内,并倒入料液,加盖封口。

经过 30~40 d 浸泡,松花蛋成熟。成熟的松花蛋灯光照时钝端呈灰黑色,尖端呈红色或棕黄色。松花蛋成熟后出缸清洗,放在阴凉通风处晾干。为了保护蛋壳方便运输,还应进行涂泥包糠处理。

四、新型松花蛋加工工艺

新型的松花蛋加工工艺,是利用红外线照射对蛋品进行光合处理促使蛋白变性形成凝胶,全部处理过程只需 1 h,再加料液浸泡 8~10 d 即成为松花蛋成品。这种方法避免了铅的使用,且生产时间大大缩短。

任务实施

实训任务四　浸泡法加工松花蛋

一、实训目的

掌握松花蛋加工理论,掌握无铅松花蛋的加工工艺,掌握松花蛋的感官鉴定。

二、实训要求

（1）详细做好试验记录。
（2）注意观察试验现象。
（3）分析影响成品质量的因素。

三、原辅材料和仪器

原辅材料：原料蛋。

仪器：台秤、天平、缸、照蛋器、电炉、盆、勺子、木棒、胶皮手套、酸式滴定管、滴定台、锥形瓶、量筒、移液管、吸耳球等。

四、操作步骤

1. 原料蛋的选择

加工松花蛋的原料蛋须经照蛋和敲蛋逐个严格地挑选。

照蛋：加工松花蛋的原料蛋用灯光透视时，气室高度不得高于 9 mm，整个蛋内容物呈均匀一致的微红色，蛋黄不见或略见暗影，胚珠无发育现象。转动蛋时，可略见蛋黄也随之转动。次蛋，如破损蛋、热伤蛋等均不宜用作加工松花蛋。

敲蛋：经过照蛋挑选出来的合格鲜蛋，还需检查蛋壳完整与否、厚薄程度及结构有无异常。裂纹蛋、沙壳蛋、油壳蛋都不能作为松花蛋加工的原料。此外，敲蛋时，还根据蛋的大小进行分级。

2. 辅料的选择

生石灰：要求色白、重量轻、块大、质纯，有效氧化钙的含量不低于 75%。

纯碱（碳酸钠）：要求色白、粉细，碳酸钠含量在 96% 以上，不宜用普通黄色的"老碱"，若用存放过久的"老碱"，应先在锅中进行灼热处理，以除去水分和二氧化碳。

茶叶：选用新鲜、质纯、干燥无霉变的红茶或茶末为佳。

硫酸锌：选用食品级或纯的硫酸锌。

其他：黄土取深层、无异味的。取后晒干、敲碎过筛备用。稻壳要求金黄干净，无霉变。

3. 配方举例

以 500 枚鸭蛋计，水 25 kg，生石灰 4.5～5.5 kg，纯碱 1.7～1.9 kg，红茶 0.5～0.7 kg，草木灰 0～1.1 kg，硫酸锌 50～60 g。

先将纯碱、盐、红茶、水放入锅中煮沸，再一次性加入硫酸锌、草木灰，搅拌使之混合均匀，最后分批次加入生石灰。当配料停止沸腾后，捞出不溶石灰块并补加等量石灰，冷却后备用。

4. 料液碱度的检验

用刻度吸管吸取澄清料液 4 mL，注入 300 mL 的锥形瓶中，加水 100 mL，再加入 10% 氯化钡 10 mL，摇匀静置片刻，加入 0.5% 酚酞指示剂 3 滴，用 0.1 mol/L 盐酸标准溶液滴定到终点，所消耗盐酸体积（体积乘以 10，即相当于氢氧化钠在料液中含量的百分数。春秋季要求 4%～5%，夏季要求 4.5%～5.5%。若浓度过高应加水稀释，若浓度过低应加烧碱提高料液的氢氧化钠浓度。

5. 装缸、灌料泡制

将检验合格的蛋装入缸内，装蛋至距缸口 10~15 cm，用竹篾盖封口，将检验合格冷却的料液在不停地搅拌下徐徐倒入缸内，使蛋全部浸泡在料液中，料液浸没最上层 5 cm 以上。用塑料薄膜和麻绳密封好缸口，贴上标签等。

6. 成熟及浸泡管理

灌料后要保持室温在 16~28 ℃，最适温度为 20~25 ℃，浸泡时间为 25~40 d。在此期间要进行 3~4 次检查。

第一次检查：夏季（25~30 ℃）经 5~6 d，冬季（15~20 ℃）经 8~10 d，即可检查。用灯光透视蛋黄贴蛋壳一边，蛋白呈阴暗状，说明凝固良好，如还跟鲜蛋一样，说明料性太淡，要及时补料。

第二次检查：鲜蛋下坛 15 d 可剥壳检查，此时蛋白已凝固，蛋白表面光洁，褐色带青，全部上色，蛋黄已变成褐色。

第三次检查：鲜蛋下坛 20 d 左右，剥壳检查，蛋白凝固很光洁，不粘壳，呈棕黑色。蛋黄呈绿褐色，蛋黄中心呈淡黄色溏心。此时如发现蛋白烂头和粘壳，说明料液太浓，必须提前出坛，如发现蛋白软化、不坚实，表明料性较弱，宜稍推迟出坛时间。

出缸前取数枚变蛋，用手颠抛，松花蛋回到手心时有震动感；用灯光透视蛋内呈灰黑色；剥壳检查蛋白凝固光滑，不粘壳，呈黑色，蛋黄中央呈溏心即可出缸。

7. 包装

松花蛋的包装有传统的涂泥糠法和现在的涂膜包装法。

涂泥糠法：用残料液加黄土调成糯糊状，包泥时用刮泥刀取 40~50 g 的黄泥及稻壳，使松花蛋全部被泥糠包埋，放在缸里或塑料袋内密封储存。

涂膜包装法：用液体石蜡或固体石蜡等作涂膜剂，喷涂在松花蛋上（固体石蜡需先加热熔化后喷涂或涂刷），待晾干后，再封装在塑料袋内储存。

五、成品质量要求

品质检验采用"观、掂、摇、照"的方法进行检验。

观：看蛋壳是否完整，壳色是否正常，剔除皮壳黑斑过多和裂纹蛋。

掂：将蛋抛起 15~20 cm 落在手中有轻微弹性，并有沉甸甸的感觉为优质蛋，无弹性则为次劣蛋。

摇：用拇指、中指捏住松花蛋的两端，在耳边摇动，若听到水流声的则为水响蛋，一端有水响声的为烂头蛋，几乎无响声的为优质蛋。

照：用灯光照蛋，若看到松花蛋大部分黑色或深褐色，少部分黄色或浅红色，且稳定不流动的为优质蛋。

成品蛋应完整、无霉变；去壳后蛋白有弹性、胶凝形态完整，光润半透明，呈青褐、棕褐或棕黄色；蛋黄略带溏心，呈深浅不同的墨色或黄色，具有松花蛋应有的滋味和气味，无异味。若出现异常，应分析造成的原因，进行记录和加以改进（表5-17）。

表 5-17 产品评定记录表

评定项目	标准分值	实际得分	缺陷分析
蛋壳	10		
蛋白状态	10		
蛋白颜色	10		
蛋黄颜色	10		
气味	10		
滋味	10		

思考与练习

1. 从产品生产加工流程角度出发,动物性产品的生产可大致分为哪三个过程?
2. 依据原料乳的滴定酸度测定原理,推导其简易方法的测定依据。
3. 简述肉类干制的加工原理和保存原理。
4. 比较肉脯传统生产工艺和现代生产工艺的异同,并阐述现代绿色加工工艺的优势。
5. 从营养学角度分析,乳为什么是营养丰富的食品?
6. 脱气、过滤在灭菌乳的主要目的是什么?
7. 试从鸡蛋蛋白质凝固和凝胶化两种功能特性角度出发,设计可行的新型松花蛋加工工艺。
8. 生石灰、纯碱、茶叶和磷酸锌在松花蛋加工中的作用分别是什么?松花蛋成品保存应该注意哪些?

分组讨论

讨论动物制品的绿色加工工艺。

实训设计

通过对实训任务的学习,能够设计动物制品的绿色加工工艺。

参 考 文 献

都凤华,谢春阳,2011. 软饮料工艺学 [M]. 郑州:郑州大学出版社.

樊金山,2012. 畜产品加工技术 [M]. 郑州:郑州大学出版社.

洪文龙,2020. 焙烤食品加工技术 [M]. 郑州:郑州大学出版社.

侯海鹏,2019. 屠宰环节影响肉品质量安全的若干因素及对策 [J]. 山东畜牧兽医,40(4):39-40.

李里特,江正强,2018. 焙烤食品工艺学 [M]. 北京:中国轻工业出版社.

蔺毅峰,2006. 软饮料加工工艺与配方 [M]. 北京:化学工业出版社.

马涛,侯旭杰,2007. 焙烤食品工艺 [M]. 北京:化学工业出版社.

南庆贤,2003. 肉类工业手册 [M]. 北京:中国轻工业出版社.

潘道东,孟岳成,2013. 畜产食品工艺学 [M]. 北京:科学出版社.

蒲彪,艾志录,2012. 食品工艺学导论 [M]. 北京:科学出版社.

田海娟,2018. 软饮料加工技术 [M]. 3版. 北京:化学工业出版社.

王春红,2022. 浅谈畜禽绿色养殖技术 [J]. 吉林畜牧兽医,43(2):99-100.

王珺,2020. 食品工艺学 [M]. 北京:中国商业出版社.

王娜,2012. 食品加工及保藏技术 [M]. 北京:中国轻工业出版社.

王森,2020. 蛋糕裱花基础 [M]. 3版. 北京:中国轻工业出版社.

王伟,顾佩勋,2011. 靖江猪肉脯加工技术与质量控制 [J]. 农村新技术(6):56-57.

魏强华,2014. 食品加工技术 [M]. 重庆:重庆大学出版社.

许立锵,陈智光,郑雪君,2012. 猪肉脯加工品质及其保藏研究进展 [J]. 现代食品(12):30-31,55.

杨红霞,2015. 饮料加工技术 [M]. 重庆:重庆大学出版社.

张国治,2006. 焙烤食品加工机械 [M]. 北京:化学工业出版社.

张玲勤,2005. 皮蛋加工过程中的检验及注意事项 [J]. 中国家禽(8):36.

赵赟,张建,张临颍,2018. 食品加工技术概论 [M]. 北京:中国商业出版社.

周赞,2014. 不同腌制方法和不同金属盐类对皮蛋质量的影响 [D]. 长沙:湖南农业大学.

朱珠,李丽贤,2008. 焙烤食品加工技能综合实训 [M]. 北京:化学工业出版社.

朱珠,梁传伟,2013. 焙烤食品加工技术 [M]. 3版. 北京:中国轻工业出版社.